ドラマで学ぼう！統計学

森の中の物語

Statistics in the Forest

水野勝之・土居拓務・安藤詩緒・井草剛　編著

五 絃 舎

はじめに

ICTやAIの発展の目覚ましい今，統計データが山ほど集まる。ビッグデータなどがそれだ。社会では，それらのデータの解析結果を活用してその後の方針を決めようとしている。その際，重要となるのは，集めた統計データをどのように生かせば自分の組織の今後について有用となるかを知ることである。つまり，データ解析の手法を学んでおくことが非常に重要となる。データ解析の手法は統計学である。そのため現代社会では統計学の重要性が増してきた。

その統計学をわかりやすく説明しようと努力している本が数えきれないほど出版されている。マンガにしたり，身近な例を使って説明したりと様々な工夫がなされている。にもかかわらず，統計学にはなじめないという人が多い。

統計学は学問なので理屈にこだわらざるを得ない。論理もしっかり伝えなければならない。かといって，統計学の証明をしっかり入れるとものすごく難しい本になってしまう。そこで，論理を中途半端に伝えながら，統計学の使い方を教えるという形になってしまう。

本書は，本の筋を通すための論理は書く。しかし，小難しい論理にとらわれず，実用的な使い方をコンパクトに伝えるものとする。背景は，林業とする。林業の舞台設定をした上で，林業の問題を統計学が解決するという手法をとる。登場人物は，統計学の素人が大半で，大学を出たての主人公の一人に統計学を習うという設定である。

林業を取り上げたのには理由がある。これまで外材に押されていた日本の木材に再度注目が集まっている。その今こそ，国内材の有効性を再認識してもらう，森林を身近に感じてもらうためである。ひいては，森林が整備されれば，それにつながってる川や海の環境も守られる。環境保全につながる。しかし，言うのはたやすいが，その実現は簡単にはいかず，本書で出てくるような課題を解決していかなければならない。統計学は社会の問題を解決する有力な手段の一つである。林業の場でも統計学は重要であるから，これを広く考えれば，あらゆる職種で統計学が重要であることを知ってもらいたい。

産業と統計学の結びつきの重要さを意識しながら本書を読んでいただきたい。そして，本書の公式を読者の皆さんの現場で活用していただきたい。

本書は，著者代表の水野の明治大学商学部の授業を受講した者たちが，学者となり，研究員となり，その彼らと一緒に著したものである。非常に感慨深い。

本書は水野勝之『テキスト計量経済学』中央経済社，1999年を参照している。また，本書の出版に際しては「計量経済分析」シリーズである『林業の計量経済分析』（2019年）『防衛の計量経済分析』（2020年）の出版にご協力いただいた五絃舎の長谷雅春氏にお世話になった。謝意を表したい。

令和２年３月

著者代表　水野勝之

目　次

はじめに
プロローグ　進と和夫の口論……1

第1章　データ……5
1．データを集める ── データとサンプリング ──　5
2．データの特徴を知る ── 平均と分散 ──　14
3．データをまとめる ── 度数分布表 ──　30

第2章　正規分布・確率分布……51
1．離散型変数と連続型変数　51
2．正規分布　53
3．標準正規分布　57
4．正規分布の応用例 ── 標準平均値の分布 ──　68
5．ｔ分布 ── 平均値の区間推定（全体の分散がわかっていない場合）　79

第3章　仮説検定……99
1．仮説検定 ── 正規分布を使うケース（全体の分散がわかるとき）　99
2．仮説検定 ── ｔ分布を使うケース（全体の分散がわからないとき）　113

第4章　差の検定　進と和夫との勝負……129
── 確率分布の応用 ──
1．比率の差の検定　129
2．平均値の差の検定　142

第5章　回帰分析 ……………………………………………………159
1．線形関係　159
2．最小2乗法　169
3．決定係数　175
4．t値　179
5．回帰分析 ── 重回帰　186
6．重決定係数と自由度修正済み決定係数　189
7．重回帰のt値　192
8．偏相関係数　199

補論　統計学……………………………………………………211

索　引 ……………………………………………………227

プロローグ　進と和夫の口論

○森に囲まれた開けた草原（朝）

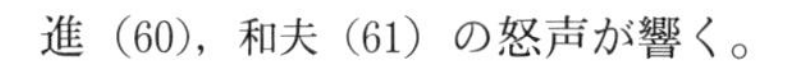

進（60），和夫（61）の怒声が響く。

ナレーション「ここは山の中。爽やかな春風の下，今日も進と和夫は喧嘩をしている。」

ナレーション「進と和夫はこの地域の大地主だ。二人とも年齢は60代。大地主と言っても，持っているのは山ばかり。とても人が住めるような土地じゃない。山の中にはシカやイノシシ，クマまでがのんびりと暮していた。」

○同・進，和夫の言い争い

進「（怒りながら）い〜や！うちの山の方が良い木が生えてる！」

和夫「（怒りながら）い〜や!! 絶対にうちの山だ!!」

ナレーション「比べられているのは山に生えている木やキノコ。あと，山に住んでいる動物の数や種類など。今日はどっちの森に生えている木の方が銘木かを比べている。あ，銘木というのは価値の高い立派な木のこと。」

進「ほれ和夫や，お前だって，わしの山に生えているあの木を知っておるじゃろ！あの木は樹齢500年近くいっとるぞい。あんな立派な木，和夫の山にはあるまい」

和夫「な〜に変なこと言っとるだ，お前んとこの山なんて，あの木一本だけじゃないか！」

あなどったように口元に手を当てる，和夫。

進「何を〜！！」

今にも殴り掛からんばかりに手を振り上げる，進。

ナレーション「山奥に住んでいる進と和夫，いつもこんなやりとりをしている。」
菜摘「お父さん！またですか～」
　　　進，和夫の言い争いを聞き，呆れた顔で玄関の扉を開ける，菜摘（22）。
ナレーション「菜摘は進の娘で歳の頃は22。高校までは町で生活し，成績もそれなりに優秀だったが，母を早くに亡くし年老いた進に一人暮らしをさせるのは酷だと，大学受験をせずに生まれ故郷に戻ってきた。」
菜摘「（呆れ顔で）もう……，いい加減にしてください。そんなの，どっちでも良いじゃないですか」
進「（威厳を見せつつ）いや，まだ子どものお前には分からんかもしれんが，男には譲れないところがある」
菜摘「（呆れ顔で）なにが，譲れないところですか。いつまでも子ども扱いなんだから。」
　　　呆れて笑いそうになりながらも父である進に向かって言う，菜摘。
和夫「やぁ，菜摘。今日も元気そうで何より！」
　　　明るく片手を挙げて挨拶をする，和夫。
菜摘「いつもうちの父がすみません……」
　　　丁寧に深々とお辞儀をする，菜摘。

菜摘

進「（後味悪そうに）まぁ。今日のところはそういうこったな」
和夫「（少し勝ち誇った表情で）あぁ。今日のところはな」
　　　和夫の立っている方向と真逆に歩き出す，進。
　　　進の立っている方向と真逆に歩き出す，和夫。
　　　進，和夫はそれぞれの山の中に消え，一人残される菜摘。
ナレーション「進と和夫は林業を営んで生活していた。山の木を伐り倒し，それを丸太にして，近所の製材工場に持っていく（そこまでが林業）。山に生えたキノコ等を収穫して市場で売りさばいたり（キノコの収穫も林業），山にいる動物などを生け捕りにして（狩猟も林業），近所の精肉屋に持っていったりもしている。決して裕福な生活とは言えないかもしれないが，それなりに幸せな生活を送っている。」

○進と菜摘の家の中・リビング（夕食後）

リビングでくつろぐ進。

忙しそうに家事をこなす菜摘。

進「(得意げに) まぁ，あまりカッコいい仕事じゃないかもしれんが，おめえに飯を食わせることくらいはできる。特に，この家で不便に感じたことはねぇだろ？」

菜摘「はいはい。毎日和夫おじさんと言い争いするの，少しでも減らしてくれたら，私はも〜っと嬉しいんだけどなぁ」

進「(ムキになって) そりゃ，できねぇ。男には譲れねぇもんが……」

進に背を向けて黙って洗濯物を畳んでいる，菜摘。

ナレーション「菜摘には幼馴染の颯太が居た。颯太は和夫の一人息子である。同じ小学校を卒業し，同じ中学校を卒業し，同じ高校を卒業した。そして，菜摘は里帰りしたのに対し，颯太は大学に進んだ。」

ナレーション「高校での成績は菜摘の方が良く，菜摘は颯太に勉強を教えていた。そのせいもあってか，颯太は誰もが不可能と思えた難関大学に合格した。ちょうどその頃，菜摘のお母さんが体調を崩した。菜摘は母を看病しなければならない気持ちと，進を一人にさせたくないという思いから大学受験を断念した。」

ナレーション「思えば，進と和夫が言い争いをするようになったのも，この頃からかもしれない。菜摘の父である進としては，息子を大学に行かせている和夫を妬ましく思い，颯太の父である和夫としては『菜摘のおかげで颯太が大学にいけた』という気持ちを認めたくなかったのかもしれない。」

洗濯物を畳みつつも嬉しそうに天井を見る，菜摘。

ナレーション「菜摘は上機嫌だった。穏やかな春の気候がそうさせるのかもしれないが，今日は多くの大学の卒業式の日なのだ。大学を卒業すれば颯太がこの山に戻ってくる。菜摘はそれが楽しみでならなかった。」

菜摘・（心の声）「久々に颯太に会える」。

○和夫の家の中・玄関前（真夜中）

颯太

ドアのチャイムが鳴り響く。

ドアを開け，靴を脱いでいる，颯太（22)。

室内から玄関に向かってくる，和夫。

颯太「(懐かしそうに）親父」

和夫「(懐かしそうに）おぉ，颯太。無事，大学は卒業できたか？ちゃんと勉強したんだろうな？」

颯太「(思い出を噛みしめるように）あぁ，学べることは学んできたよ。これからは，二人で家庭を豊かにしていこう！」

久々の実家に足を踏み入れる，颯太。

ナレーション「今さらの説明になってしまうが，颯太もまた早くに母を亡くしていた。まだ颯太が小学生の頃である。それ以来，和夫は一人で颯太を育ててきた。いや，一人と言うのは間違いかもしれない。近所に菜摘が居たからだ。菜摘は年齢の割にはしっかりしており，同い年にも関わらず，まるで颯太のお姉さんのようであった。ともあれ，数年前まで，この山奥には進と菜摘，和夫と颯太の４人が暮らしていた。高校に通うために菜摘と颯太は山を離れたが，高校卒業と同時に菜摘は戻り，そして今日，大学を卒業した颯太が再び山に戻ってきたのだった。」

第1章　データ

1．データを集める —データとサンプリング—

○森に囲まれた開けた草原（朝）

菜摘・（心の声）「（明るく嬉しそうに）颯太，久しぶり!!」

（注：（心の声）は内心のセリフ。以下同様）

ナレーション「菜摘は颯太に明るく声をかけようと思った。しかし，実際のところなかなか言葉が出てこない。たった4年だが，その間，菜摘はあまり人と知り合ってこなかった。それに対して，颯太は大学で多くの友達を作ってきたことが想像された。その考えが菜摘の頭をよぎる。

久々に見る颯太は，これまで菜摘が見てきた颯太とは少し違った。大学を卒業した，という事実が菜摘にそう思わせていたのかもしれない。」

菜摘「（控えめに）颯太，久しぶり。」

颯太「（戸惑いながら）久しぶり。」

遠くから進，和夫の怒声が聞こえる。

進「（怒りながら）い～や，うちの山の方が良い木が生えてる。」

和夫「（怒りながら）い～や，絶対にうちの山だ。」

進，和夫の怒声の方に目をやる，菜摘，颯太。

菜摘「（少し笑って）あの二人，昨日と全く同じこと言ってる。」

口元に手をやり颯太の顔を見る，菜摘。

ナレーション「菜摘は颯太に，ここ最近の2人のやりとりを話した。」

颯太「（笑みを浮かべながら）へぇ，面白そうじゃん。」

進，和夫の声の方に体を向けつつ腕組する，颯太。

菜摘「(戸惑いつつ) ……え」

少し不安そうな顔で颯太の顔を覗き込もうとする，菜摘。

菜摘・(心の声)「(不愉快そうに) 面白そう，それってどういう意味なの？」

困惑した表情の菜摘。

菜摘の表情を横目でとらえる，颯太。

颯太「(得意げに) いや，どっちの山が良いかってんじゃなくて，お互いの山の特性を知るって大事だと思うんだよね。例えば，どれくらいの木が多く生えてるのかとかね」

不安そうな表情が徐々におさまる，菜摘。

遠くにある森を眺めて難しい顔をする，颯太。

ナレーション「颯太は進と和夫の山の特性を比較する手段をもっているようである。ここで参考までに言うと，進の山は中くらいの太さの木が生えており，和夫の山は細い木と太い木が交互に生えている。木の高さや生えている本数に大きな違いは見られない。」

颯太「(考え込んだ表情のまま) 何をするにも，まずデータが必要になるんだよな。まさか，この山にどれくらいの太さ・高さの木が何本くらい生えてるかなんて分からないよね？」

思考が停止しているように見える菜摘の顔を覗き込むように質問する，颯太。

我に返り，睨み返すように颯太の顔を見る，菜摘。

菜摘「(呆れ顔で) 山や森のこと忘れちゃったの？そんな１本１本，分かるわけないじゃん」

颯太「(考え込んだ表情のまま) そうだよね。森って広いからねぇ。手元に１本１本のデータがあるなんて訳ないよなぁ。進おじさんと親父の森を数値で表して比較できたらって思ってさ」

遠くの森に目をやり腕組を始めた，颯太。

同じように森に目をやり草原に腰を下ろす，菜摘。

菜摘「(閃いた様子で) なら，二人が自慢と思っている箇所だけを比べるのはどうかしら？」

颯太「（納得した様子で）そんな箇所ある？」

菜摘「（得意げに）うん，言えば絶対に答えてくれるよ。“あの箇所は誰にも負けない”って」

嬉しそうな表情で颯太を見る，菜摘。

進，和夫が口論をしている場所に向かって楽しそうに駆けだす，菜摘，颯太。

ナレーション「山は広く，場所によって木の生え方も様々である。例えば傾斜が急だったり，日当たりの悪い箇所では木は育ちにくく，逆に，地面が平らだったり，日当たりの良好な場所では成長が良かったりもする。『成長の良い箇所』と『成長の悪い箇所』で比較した場合，木が銘木に育ちやすい差は歴然としている。もはや比べるまでもない。」

○森に囲まれた，開けた草原・進，和夫の口論していた場所（朝）

息を切らせながら到着する菜摘，颯太。

口論を止め，突然駆けてきた菜摘，颯太に目をやる，進，和夫。

颯太「（息を切らせつつ）その言い争い，よかったら統計で決着をつけますよ」

突然の言葉にお互いの顔を見合わせる進，和夫。

颯太「どっちの山が良いかまでは比較できませんが，お互いの山が，どのような特性を持っているかを数値化できます。それを比較してみるのはどうでしょう？」

突然の提案に唖然としている進，和夫。

促すように進の背中を叩く，菜摘。

颯太「二人の森の中の自慢の場所（特に良い木が生えている一帯）に僕を案内してください。」

進「（困惑した面持ちで）わかった。トーケーとやらで比較してもらおう」

進，和夫の後ろを黙ってついていく菜摘，颯太。

○進の森の中・進の自慢の場所（朝）

　　　周囲の木々を見渡して感嘆する，颯太。

ナレーション「森に生えている木は，どれも同じ大きさ，太さではない。ある場所は特に日当たりが良かったり，ある場所は水はけが良かったり，と条件によって木の生長の善し悪しは変わってくる。今回は進と和夫の森のうち，特に木の成長が良い場所（自慢の場所）のみを比較対象にした。何故，自慢の場所のみなのかと言えば，本来なら，森に生えている木を全て比較して善し悪しを判断したいところだが，森は広い。今回は森の中のある一部分だけを比較することにした」

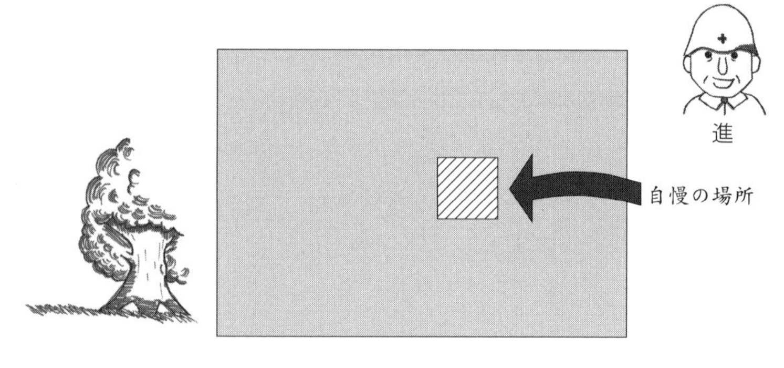

颯太「ここで良いんですね？」

　進「あぁ，こんなに素晴らしい木が生えている森，和夫にはないだろうよ」

　　　進の言葉に頷きつつ，地面を見渡す，颯太。

菜摘「（颯太の手元に目を遣りながら）何をしているの？」

颯太「あった，あった」

　　　小さい石ころを持って立ち上がる，颯太。

　　　不思議そうな目で颯太を見る，進，和夫，菜摘。

颯太「（菜摘を見て）じゃあ，今から目隠しするね」

菜摘「（困惑した様子で）え？え？目隠しって何？聞いてないわよ」

　　　無言で手に持ったタオルを菜摘の目に巻き付ける，颯太。

颯太「じゃあ，次はこの石ころを持って」

　　拾ったばかりの石ころを菜摘に渡す，颯太。

　　無言のまま受け取る，菜摘。

颯太「(菜摘に向かって) 右周りで2周して欲しい」

　　戸惑いながらも颯太に従う，菜摘。

　　目隠し状態で2周した結果，誰も立っていない方角を向いた，菜摘。

　　少し困惑しつつも，黙って様子を見ている，進，和夫。

颯太「(菜摘に向かって) そこだね。手に持っている石を真っすぐ，少し強めに投げて欲しい」

菜摘「わかったわ」

　　石ころを真っすぐ投げる，菜摘。

　　石ころは数メートル先の木に当たり，下に落ちる。

颯太「あの木に当たったね。木の印を付けよう」

進「分かった」

　　足早に木に駆け寄り，印をつける，進。

颯太「(菜摘の方を見て) 次，今印をつけた木の傍に来て」

　　目隠し状態の菜摘を誘導する，颯太。そしてポケットから紙を取り出した。

颯太「(菜摘に向かって) 指で僕の持っている紙を指さしてほしい」

菜摘「えっ，これでいいの？」

　　そう言って，菜摘は颯太の持つ紙の上を指さした。

颯太「目隠しを外してあげよう」

　　颯太が目隠しを外したので，菜摘は手元を見た。なにやら数字がたくさん書いてある。

菜摘「何これ？」

颯太「これは乱数表って言って，数字が法則なく並んでいるんだ。目隠しをして指をさした先の数字が意思とは関係なく選ばれるんだ。菜摘の指先は3を指しているね」

菜摘「ええ」

乱　数　表　(1)

	1　　　10	20	30	40	50
1	03 47 43 73 86	36 96 47 36 61	46 98 63 71 62	33 26 16 80 45	60 11 14 10 95
	97 74 24 67 62	42 81 14 57 20	42 53 32 37 32	27 07 36 07 51	24 51 79 89 73
	16 76 62 27 66	56 50 26 71 07	32 90 79 78 53	13 55 38 58 59	88 97 54 14 10
	12 56 85 99 26	96 96 68 27 31	05 03 72 93 15	57 12 10 14 21	88 26 49 81 76
	55 59 56 35 64	38 54 82 46 22	31 62 43 09 90	06 18 44 32 53	23 83 01 30 30
	16 22 77 94 39	49 54 43 54 82	17 37 93 23 78	87 35 20 96 43	84 26 34 91 64
	84 42 17 53 31	57 24 55 06 88	77 04 74 47 67	21 76 33 50 25	83 92 12 06 76
	63 01 63 78 59	16 95 55 67 19	98 10 50 71 75	12 86 73 58 07	44 39 52 38 79
	33 21 12 34 29	78 64 56 07 82	52 42 07 44 38	15 51 00 13 42	99 66 02 79 54
10	57 60 86 32 44	09 47 27 96 54	49 17 46 09 62	90 52 84 77 27	08 02 73 43 28
	18 18 07 92 46	44 17 16 58 09	79 83 86 19 62	06 76 50 03 10	55 23 64 05 05
	26 62 38 97 75	84 16 07 44 99	83 11 46 32 24	20 14 85 88 45	10 93 72 88 71
	23 42 40 64 74	82 97 77 77 81	07 45 32 14 08	32 98 94 07 72	93 85 79 10 75
	52 36 28 19 95	50 92 26 11 97	00 56 76 31 38	80 22 02 53 53	86 60 42 04 53
	37 85 94 35 12	83 39 50 08 30	42 34 07 96 88	54 42 06 87 98	35 85 29 48 39
	70 29 17 12 13	40 33 20 38 26	13 89 51 03 74	17 76 37 13 04	07 74 21 19 30
	56 62 18 37 35	96 83 50 87 75	97 12 25 93 47	70 33 24 03 54	97 77 46 44 80
	99 49 57 22 77	88 42 95 45 72	16 64 36 16 00	04 43 18 66 79	94 77 24 21 90
	16 08 15 04 72	33 27 14 34 09	45 59 34 68 49	12 72 07 34 45	99 27 72 95 14
20	31 16 93 32 43	50 27 89 87 19	20 15 37 00 49	52 85 66 60 44	38 68 88 11 80
	68 34 30 13 70	55 74 30 77 40	44 22 78 84 26	04 33 46 09 52	68 07 97 06 57
	74 57 25 65 76	59 29 97 68 60	71 91 38 67 54	13 58 18 24 76	15 54 55 95 52
	27 42 37 86 53	48 55 90 65 72	96 57 69 36 10	96 46 92 42 45	97 60 49 04 91
	00 39 68 29 61	66 37 32 20 30	77 84 57 03 29	10 45 65 04 26	11 04 96 67 24
	29 94 98 94 24	68 49 69 10 82	53 75 91 93 30	34 25 20 57 27	40 48 73 51 92
	16 90 82 66 59	83 62 64 11 12	67 19 00 71 74	60 47 21 29 68	02 02 37 03 31
	11 27 94 75 06	06 09 19 74 66	02 94 37 34 02	76 70 90 30 86	38 45 94 30 38
	35 24 10 16 20	33 32 51 26 38	79 78 45 04 91	16 92 53 56 16	02 75 50 95 98
	38 23 16 86 38	42 38 97 01 50	87 75 66 81 41	40 01 74 91 62	48 51 84 08 32
30	31 96 25 91 47	96 44 33 49 13	34 86 82 53 91	00 52 43 48 85	27 55 26 89 62
	66 67 40 67 14	64 05 71 95 86	11 05 65 09 68	76 83 20 37 90	57 16 00 11 66
	14 90 84 45 11	75 73 88 05 90	52 27 41 14 86	22 98 12 22 08	07 52 74 95 80
	68 05 51 18 00	33 96 02 75 19	07 60 62 93 55	59 33 82 43 90	49 37 38 44 59
	20 46 78 73 90	97 51 40 14 02	04 02 33 31 08	39 54 16 49 36	47 95 93 13 30
	64 19 58 97 79	15 06 15 93 20	01 90 10 75 06	40 78 78 89 62	02 67 74 17 33
	05 26 93 70 60	22 35 85 15 13	92 03 51 59 77	59 56 78 06 83	52 91 05 70 74
	07 97 10 88 23	09 98 42 99 64	61 71 62 99 15	06 51 29 16 93	58 05 77 09 51
	68 71 86 85 85	54 87 66 47 54	73 32 08 11 12	44 95 92 63 16	29 56 24 29 48
	26 99 61 65 53	58 37 78 80 70	42 10 50 67 42	32 17 55 85 74	94 44 67 16 94
40	14 65 52 68 75	87 59 36 22 41	26 78 63 06 55	13 08 27 01 50	15 29 39 39 43
	17 53 77 58 71	71 41 61 50 72	12 41 94 96 26	44 95 27 36 99	02 96 74 30 83
	90 26 59 21 19	23 52 23 33 12	96 93 02 18 39	07 02 18 36 07	25 99 32 70 23
	41 23 52 55 99	31 04 49 69 96	10 47 48 45 88	13 41 43 89 20	97 17 14 49 17
	60 20 50 81 69	31 99 73 68 68	35 81 33 03 76	24 30 12 48 60	18 99 10 72 34
	91 25 38 05 90	94 58 28 41 36	45 37 59 03 09	90 35 57 29 12	82 62 54 65 60
	34 50 57 74 37	98 80 33 00 91	09 77 93 19 82	74 94 80 04 04	45 07 31 66 49
	85 22 04 39 43	73 81 53 94 79	33 62 46 86 28	08 31 54 46 31	53 94 13 38 47
	09 79 13 77 48	73 82 97 22 21	05 03 27 24 83	72 89 44 05 60	35 80 39 94 88
	88 75 80 18 14	22 95 75 42 49	39 32 82 22 49	02 43 07 70 37	16 04 61 67 87
50	90 96 23 70 00	39 00 03 06 90	55 85 78 38 36	94 37 30 69 32	90 89 00 76 33

出所：水野哲夫著『統計の基礎と実際』光生館，1970，p.282

颯太「この最初の木の３本隣の木に印をつけよう」

ナレーション「颯太は３本先の木に印をつけた。そのあとも３本ごとに印をつけていく」

菜摘「（疲れた様子で）ねぇ，一体，何本印をつければいいの？」
颯太「（少し困った顔で）何本とは言えないけど，150本くらいは印をつけよう」
菜摘「えーー！そんなに？」
颯太「うん。ここで印を付けた木々と，あとで親父の森で印を付ける木々をデータ（サンプル）として比較するんだ。より多くのデータ（サンプル）を採った方が正確な比較ができる」
菜摘「でも，なんで乱数表まで使って，こんな回りくどい方法で木を選ぶの？」
和夫「そうじゃ！そうじゃ！菜摘の言う通りじゃ！」
颯太「データ（サンプル）は調査者の意思が入らないように選ばなきゃいけないんだ。つまり，ランダム（無作為）に木を選ばないといけない。３本ずつ毎の『等間隔抽出法』というんだよ。こうでもしないと意図的に良い木ばかりに印をしたり，意識して悪い木ばかりに印をしたりしちゃうからね」
菜摘「確かにそれはそうかもしれないけど…。何か他の方法はないの？」
颯太（困った顔で）要はランダムにサンプルが採れればいいからね。他に方法があれば構わないんだけど…」
　　無言のまま考え込む，進，和夫，菜摘，颯太。
菜摘「（諦めた様子で）わかったわ。頑張ればいいんだよね」

○和夫の森の中・和夫の自慢の場所（正午）
　　やりきった顔で地面に腰を下ろす，進，和夫，菜摘，颯太。
菜摘「（疲れた様子で）私，もうフラフラよ」
　進「トーケーっつうもんが，こんなに面倒だとは思わなかった」
和夫「これで間違いなくランダムに印がつけられた」

颯太「（疲れた様子で）午後からは，印を付けた木の１本１本を測ろう」

　　　颯太の提案に対して目を反らす，進，和夫。

　進「（面倒くさそうに）なんか，ここまでして比較する必要もないかもしれんのう」

和夫「わしら，午後からは別の作業をせにゃあかんし…」

　　　あまり乗り気になれない，進，和夫。

　進「（閃いたように）そうじゃ，最近，林業をはじめた隆史と大樹に頼むのはどうじゃ。二人は颯太君とも同級生だし，久々に会いたいじゃろう。決まりじゃ，決まり」

和夫「おお，それは名案じゃ。隆史と大樹も木を測る勉強になるじゃろ」

　　　日頃の喧嘩を忘れて仲良さそうに会話を繰り広げる，進，和夫。

ナレーション「“木を測る”とは，ここでは木の“高さ”と“太さ”を測ることを意味している。“高さ”と“太さ”が分かれば，木１本あたりのおおよその蓄積（体積）を求めることができる。蓄積が大きいほど，林業から見て価値のある森と考えられることが多い」

○進（菜摘）の家の前（午後）

　　　進と菜摘の家の前で立ち話をしている，隆史（22），大樹（22）。

　　　少し遅れて登場する，颯太。

　　　和気あいあいと会話をする，颯太，隆史，大樹。

　　　最後に明るく登場する，菜摘。

○進の森の中・進の自慢の場所（朝）

　　　周囲の木々を見渡して感嘆する，隆史，大樹。

隆史「木の高さは，計測する木から一定の距離をとって，そこから『鳥留まり（木の頂上）』までを測るんだ」

　　　手際よく木の高さを測る，隆史。

大樹「木の太さは地面から1メートルちょっと上，だいたい人の胸のあたりの高さを測る」

手際よく木の太さを測る，大樹。

隆史，大樹の発した数字を慌ただしくメモ帳に記入する，菜摘，颯太。

ナレーション「数時間後，午前中に印を付けた全ての木の調査が終了した。隆史，大樹による計測結果をまとめたメモが下になる。実際の林業ならば木の種類も大切であるが，ここではあくまで木の“高さ”と“太さ”のみを比較している」

表1　木の高さと太さ

＜進の森＞

木	高さ	太さ
1本目の木	20m	40cm
2本目の木	19m	30cm
3本目の木	23m	38cm
4本目の木	23m	40cm
5本目の木	22m	36cm
6本目の木	24m	38cm
⋮	⋮	⋮
150本目の木	22m	37cm

※このような調子で150本の木が並ぶ。

＜和夫の森＞

木	高さ	太さ
1本目の木	26m	48cm
2本目の木	16m	24cm
3本目の木	23m	34cm
4本目の木	22m	36cm
5本目の木	16m	22cm
6本目の木	25m	46cm
⋮	⋮	⋮
150本目の木	21m	35cm

※このような調子で150本の木が並ぶ。

2．データの特徴を知る ―平均と分散―

1）平均

○和夫（颯太）の家の前（朝）

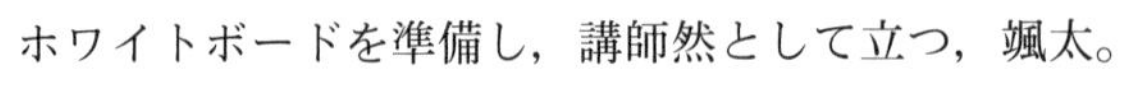

ホワイトボードを準備し，講師然として立つ，颯太。

生徒然として地面に腰かける，進，和夫，菜摘。

颯太「（講師然として）ここに進おじさんの森と親父の森のデータがあります」

進「（疑いつつ）これで本当に山が良いか分かるのかのぉ」

菜摘「（手にしたメモに目をやりつつ）一番太くて高い木は，和夫おじさんの森の１本目の木ね」

進「（ひがみつつ）たまたま石が当たらなかっただけで，もっと太くて高い木，うちの森には沢山あるわい」

菜摘「確かに，そうよね。これはあくまでサンプルの１つだし。ねぇ。颯太，これらをどうやって比較するの？」

講師然としてホワイトボードに文字を書き始める，颯太。

颯太「（少し砕けた口調で）まずは平均をとってみよう。小学校で習ったのと同じだから」

無言で平均値の計算を始める，進，和夫，菜摘。

颯太「平均とは便利なもので，データの特性をいっぺんに知ることができる」

平均について説明する，颯太。

ナレーション「平均値とは，データの中心がどこにあるかを計算できる数値のことである。統計値の中心の一つが，平均値である。その平均値の計算は，次の式である。

$\overline{X}=(X_1+X_2+\cdots\cdots\cdots+X_{150})/150$ 【進の森・和夫の森】

サンプルサイズが150でなく一般的にnとした場合は次式である。

$$\overline{X}=(X_1+X_2+\cdots\cdots\cdots+X_n)/n$$

それぞれの合計値を測った木の本数で割ればよい。そうすることで木1本あたりの高さ太さが求められる」

颯太「(やや得意気に) これで木1本あたりの値が分かる。こうすれば進おじさんの森と親父の森に生えている木を比較することができるよね」

ナレーション「颯太の言っていることは何も特別なことではない。ただ，大学で統計学を学んだだけあり，特別な知識を披露してくれるに違いないと期待する進，和夫，菜摘。一同は必死に話を聞いていた。なお，算出された平均値は下になる」

表2　平均値

<進の森の計算結果>

	木の高さ	木の太さ
平均値	22m	37cm

進

<和夫の森の計算結果>

木	木の高さ	木の太さ
平均値	21m	35cm

和夫

進「(勝ち誇ったように) ほれ見ろ！！」

ガッツポーズを決める，進。

黙って計算結果を見つめる，和夫。

進「(勝ち誇ったように) 今回の勝負は，いかに高い木，太い木が多く森にあるかじゃ。平均値を見れば一目瞭然，高さも太さも，わしの森の方が勝っておるわ！」

菜摘「(進を見かねた雰囲気で) ちょっとお父さん。それに，たった1メートル，

１センチじゃない」

進「この差が大きいんじゃ」

和夫「（沈黙の後，低い声で）確かに，平均値では，進の森に負けた。しかし，進の森は高い木や太い木が多くある一方，低い木や細い木も多すぎやせんか？」

進「何が言いたいんじゃ」

和夫「高い木，太い木，つまり蓄積の大きい木には高値が付くが，一方，蓄積が極端に小さい木には全く値が付かないことも知っておろう。わしの森には，極端に蓄積が小さい木はない。つまり，どれも値が付くものばかりじゃ。極端に蓄積の大きい木がなく，平均値では負けてしまったが，実際のところ，わしの山の方が，価値があったりするんじゃないかの」

進「（呆れた様子で）負け惜しみを…」

和夫「進の森の木は太かったり，細かったり。高かったり，低かったり。バランスが悪いんじゃ。それに比べ，うちの森はどれも平均的な高さ，平均的な太さでバランスがいいんじゃ。ずば抜けて大きな蓄積の木がなくとも，適度に蓄積のある木がバランスよく生えている森の方がわしにはよく思える」

２）偏差と分散（標準偏差）

この発言を聞いて和夫を睨みつける，進。

ナレーション「進が睨みつけたのは，和夫の負け惜しみにうんざりしたからではない。この和夫の発言を一理あると感じてしまったからだ。事実，森の善し悪しは単純な平均値で比較できるものではない」

颯太「（講師然として）それでは，次に親父の言っていることを見える化させるため，木の高さや太さのバラツキの度合いを比較してみることにしましょう。その指標を分散というのです。データがいかに平均から離れているか，その離れ具合を調べるときの指標になるんだ」

ナレーション「森の状況を把握しようとするとき，生えている木の平均値だけを知るのでは不十分であろう。平均値を知ることも大事だが，平均値から離れた木がたくさん生えている森なのか，それとも平均的な木が多く生えている一律な森なのか，これらを知ることでより正確に森の状況を把握することができる」

　　ホワイトボードに下の文章を書きだす，颯太。

颯太「まず，偏差を示すよ。偏差というのは各データの値が平均値からどれだけ離れているかを示しているんだ。だから，一つ一つの木の高さや太さから平均値を引くんだ」

偏差は，各値を平均から引く

$$偏差 = X_i - \overline{X}$$

この偏差は，データの数だけ存在する。

表３　偏差

<進の森の偏差>

木	高さ	太さ
１本目の木	－２ｍ	＋３㎝
２本目の木	－３ｍ	－７㎝
３本目の木	＋１ｍ	＋１㎝
４本目の木	＋１ｍ	＋３㎝
５本目の木	±０ｍ	－１㎝
６本目の木	＋２ｍ	＋１㎝
⋮	⋮	⋮
150目の木	±０ｍ	±０ｍ

※このような調子で150本の木が並ぶ。

＜和夫の森の偏差＞

木	高さ	太さ
1本目の木	＋5m	＋13cm
2本目の木	－5m	－11cm
3本目の木	＋2m	－1cm
4本目の木	＋1m	＋1cm
5本目の木	－5m	－13cm
6本目の木	＋4m	＋11cm
⋮	⋮	⋮
150目の木	±0m	±0m

菜摘「偏差の絶対値が大きいのが多いと，木に高いもの，低いもの，太いもの，細いものが多いってことね」

颯太「そう，絶対値という概念を覚えていたんだね。さすがだね」

菜摘「じゃあ，絶対値を足して，お父さんの森と和夫おじさんの森の値を比べればよいの？」

颯太「いや，絶対値だと後から計算がしにくいから，同じ効果を持つように，偏差を2乗して足しちゃうのさ」

菜摘「そうか，そうすれば，バラツキの度合いが調べられるわね」

颯太「ただ，今回のようにどっちも150本で同じサンプルサイズだとよいけれど，統計の比較の場合，サンプルサイズが違うことがほとんどだ」

菜摘「じゃあどうすればよいの？」

颯太「偏差の2乗を足すだけでなく，一つ当たりを計算するのさ。そうすれば，標本の大きさが違っても比較できるんだ」

菜摘「つまり，偏差の2乗の平均ってこと？」

颯太「その通り。よく分かったね。偏差の2乗の平均こそが，分散だ。分散が大きければ，データのバラツキが大きい，分散が小さければバラツキが小さいんだ」

分散とは，偏差の2乗の平均である。

分散の式＝（$(X_1-\overline{X})^2$ ＋ $(X_2-\overline{X})^2$＋・・・・・・・・＋ $(X_{150}-\overline{X})^2$）/150

【進の森・和夫の森】

一般的なnの場合。

分散の式＝（$(X_1-\overline{X})^2$＋ $(X_2-\overline{X})^2$＋・・・・・・・・＋ $(X_n-\overline{X})^2$）/ n

分散（進の森（木の高さ））＝16

分散（和夫の森（木の高さ））＝3.1

（ここで，表1の元のデータが2つの数字が並んでいるのが最高だったので，小数以下については進についてはカットし，和夫については小数第2位以下を切り捨てて二つの数字を並べた。＝有効数字）

和夫「（ホワイトボードを見て）だいぶ違うのぉ。進の森が16なのに，わしの森は3.1じゃ」

進「だのぉ。こんなに違うとはの」

菜摘「ねぇ，颯太。つまり，和夫おじさんの森に生えている木はどれも同じくらいの高さで，お父さんの森に生えている木は高さがバラバラって意味だよね？」

颯太「そう，その通り。統計ではバラツキが大きいなんて表現するよ。親父の森の木の高さのバラツキは約3.1に対し，進おじさんの森の木の高さのそれは16だ」

ナレーション「事実，和夫の山では一律に同じような高さの木が生えているのに対し，進の山には高い木や低い木などが様々に生えている。それは森の中を歩けば気付くことだが，このように数値化して表したことはなかった」

菜摘「(感心したように）分散，初めて知ったわ。データを見るうえで，とても便利ね」

颯太「(得意そうに）さらに，この分散の平方根を標準偏差と言うんだ」

ホワイトボードに“標準偏差”と書く，颯太。

菜摘「(少し考え，閃いた様子で）そうね。さっき偏差を二乗したもの。平方根をとって単位を元に戻すのね」

驚き感心した様子で菜摘を見る，颯太。

話についていけず首をかしげる，進，和夫。

颯太「分散と同様に標準偏差も，値が大きければデータのバラツキは大きく，小さければバラツキは小さいことになる」

菜摘「分散を平方根にして元に戻しただけだもんね」

颯太「今調べた分散を標準偏差にしてみるね」

颯太

分散の平方根を標準偏差と表現する。

$$標準偏差 = \sqrt{((X_1-\overline{X})^2+(X_2-\overline{X})^2+\cdots\cdots+(X_n-\overline{X})^2)/n}$$

表 4　分散と標準偏差

［進の森（木の高さ）の分散と標準偏差］

分散	標準偏差
16	4

［和夫の木の高さ（樹高）の分散・標準偏差］

分散	標準偏差
3.1	1.7

菜摘「(得意げに) もともとお父さんの森の方が分散の値が大きかったから，標準偏差の値もお父さんの森の方が大きくなるわね」

颯太「じゃあ，もう一歩，踏み込んだ説明をするね。せっかく標準偏差を導いたのだからその意味の説明さ。しっかり聞いててよ」

菜摘「分かったわ」

颯太「平均値から標準偏差値を足した値，引いた値の範囲にデータ値の約68%が含まれる」

菜摘「(少し考え込んで) どういうこと？」

颯太「じゃあ，具体的な値を使って説明するね」

　　ホワイトボードに文字を書きだす，颯太。

和夫の森（木の高さ）

平均値・・・・21（単位はメートル）

標準偏差・・・2（1.8を四捨五入）

21－2＝19

21＋2＝23

「19～23（単位はメートル)」に全体の約68%が含まれる。

颯太「どう，これで分かったかな？」

菜摘「分かったわ！要するに，和夫おじさんの森に生えていた木のうち68%の木が19メートルから23メートルってことでしょ？」

颯太「そう，そのとおり。さすがだね」

　　颯太に褒められて嬉しそうにする，菜摘。

菜摘「同じようにお父さんの森も計算してみたわ」

　　立ち上がりホワイトボードに数値を書き込む，菜摘。

進の森（木の高さ）

平均値・・・・22（単位はメートル）

標準偏差・・・4

22－4＝18

22＋4＝26

「18～26（単位はメートル）」に全体の約68％が含まれる。

進「（おそるおそる）つまり，なんじゃ。わしの森の木の高さは18～26メートルがほとんどってことかの？」

菜摘「（得意そうに）そう。全体の木のうちの68％がね」

和夫「68％と言えば約70％だし，ほとんどって表現しても間違いじゃないかもの」

進「でも，わしの森は18～26メートルと高さに8メートルも幅があるのに対し，和夫の森は19～23メートルと4メートルだけなんじゃのう」

和夫「（感心して）こんなことまで分散や標準偏差でわかっちまうとは，凄いのぉ」

颯太「（進，和夫，菜摘の方を向いて，元気に）平均値，分散，標準偏差の“考え方”が分かったところで進おじさんの森と親父の森を比較しましょう」

和夫「よ！待ってました！！」

ナレーション「一同は進の森と和夫の森が科学的に比較され，その善し悪しを判断される瞬間を待ち望んだ」

盛り上がり，仲良さそうに肩を組み合う，進，和夫。

菜摘・（心の声）「本当，仲が良いのか悪いのか分からない二人ね。でも，颯太が戻ってくると違うわ。昔から颯太には場を和ませる力があったのよね」

ナレーション「いよいよと盛り上がりを見せた頃，颯太がある発言をした」

颯太「（笑顔で）しかし，困ったことがある。今，分散や標準偏差を計算したのは，“木の高さ”だけだった。実際に比較する上で，“木の太さ”も重要だよね？」

菜摘「(頷きながら) うん」

颯太「(笑顔で) じゃあ，よろしくね。“木の太さ”の分散と標準偏差の計算」

菜摘「(驚きと困惑の表情で) え？…計算するの，私！？」

颯太「(淡々と) そうそう。こういうのって計算が大事なんだ。計算が間違ってちゃ，なんの意味もない。ここは信用のおける菜摘に…」

ナレーション「つまるところ颯太は面倒くさい計算を菜摘に押し付けたのだ」

菜摘・(心の声)「(少し嬉しそうに) 颯太ったら。本当，小学生の頃から変わらないんだから」

菜摘「わかったわ。みんな，ちょっと待っててね」

木の太さが書かれたメモを見ながら計算を始める，菜摘。

ナレーション「4年ぶりに再会した菜摘と颯太。打ち解けるのは思っていたよりも早かった」

野原でゴロリと横になりあくびをする，颯太。

黙々と計算している，菜摘。

菜摘「できたわ」

分散と標準偏差の値についてホワイトボードに書く，菜摘。

[進の森（木の太さ）平均値と分散と標準編差値]

	木の太さ
平均値	37（単位cm）
分散	100
標準偏差（分散の平方根）	10

進

［和夫の森（木の太さ）平均値と分散と標準編差値］

	木の太さ
平均値	35（単位cm）
分散	70
標準偏差（分散の平方根）	8.4

ナレーション「進の森と和夫の森，木の太さの平均値も進の森のほうが大きかった。しかし，平均的な木の高さは進の森が22メートル，和夫の森が21メートルでほぼ同じ。平均的な木の太さも進の森が37センチ，和夫の森が35センチでほぼ同じだった。しかし，今回，分散と標準偏差で大きな差がみられた。つまり，バラツキに差があった。

和夫の森はバラツキが少ないため，比較的同じような高さ・太さの木が森全体に生えている。進の森はバラツキが大きいので，高い木もあれば低い木もある，太い木もあれば細い木もある。この違いは単にデータの平均値をとっただけでは比較することはできない。統計データから，より正確に情報を読み解くためには，合計や平均値のほかに分散（標準偏差）をとることも大切になる」

進「ところで，わしの森と和夫の森，どっちが良い森なんじゃ？」

和夫「そうじゃ。肝心な答えを聞きたい」

颯太「(困った顔で）う〜ん。どっちが良い森かぁ…。どちらも高さ・太さの平均値はほぼ同じで，ただバラツキが違うだけなんだよなぁ。このバラツキの違いに優劣をつけるのかぁ。う〜ん…」

歩き回りながら考える，颯太。

颯太「(閃いたように）バラツキの大きい，つまり，平均から離れた木が沢山ある進おじさんの森は，高く太い銘木もあれば，まだまだ低く細い木もあるということ。今は高く太い木だけを伐って，低く細い木は今後の成長を待って伐るのはどうかな？」

進「(少し考えて) なるほどのぉ」

颯太「それに対して，バラツキが小さく，太く高い木が一律に生えている親父の森は，一度に沢山伐って販売できる。つまり，その気になれば，一度に沢山の収入を得られる森なんだ」

和夫「(少し考えて) なるほどのぉ」

進「(笑いながら) つまるところ，善し悪しは簡単にはつけられんっちゅうことじゃな」

颯太「(頭を掻きながら) まぁ…」

進「(笑いながら) いいんじゃ，いいんじゃ。初めから分かっておった。森の善し悪しなんて，簡単につけられるもんじゃない。森に生えている木の高さや太さも大事じゃが，生えている樹木の種類も大事なんじゃ。価値の高い木もあれば，低い木もある」

和夫「(笑いながら) そうじゃな。それに太い木が良いと思われがちじゃが，太すぎる木は逆に値段が下がってしまうこともあるんじゃ。製材が大変になるからの。でも，トーケーでの比較，本当に面白かったぞ」

菜摘「(閃いたように) 私，このデータを見て思ったの。バラツキの違いは，今後の木の伐り方の参考になるんじゃないかって…」

驚いたように菜摘を見る，進，和夫，颯太。

菜摘「だって，そうじゃない？今回の統計調査，ただ森を比較するだけじゃもったいないわ。今後，どう活かすべきかを考えたの。今まで私たちは，森に生えている木の高さは約何メートル，木の太さは約何センチくらいって平均値で表現してきたわ。でも，それ平均値だけだと森がどうなっているかの詳細が分からないのよ」

進「なるほどの。森に生えている木々の高さの平均，太さの平均に加え，ブンサンっだったかの。バラツキなんかも測っておけば，より詳細に森の状況が分かるっつうことか…」

和夫「それは一理あるの。木の高さ，太さの平均を測るとき一緒にブンサンを計測するのもアリかもしれんの」

菜摘「(目を輝かせて) でしょ，でしょ。何より分散の計算方法って難しくないの。平均値を出すとき，一緒に出せるわ」

菜摘の発想に関心の目を向ける，颯太。

ナレーション「この菜摘の意見に颯太は感心せずにはいられなかった。統計とは分析のための道具である。分析とは，それが実際に活用され，はじめて大きな価値を持つ」

菜摘「(考えながら) 木を伐るには様々な方法があるじゃない。もしもバラツキの多い，つまり分散の値が高い森だったら，どう伐るのが良いかしら？」

進と和夫に目配せする，菜摘。

和夫「分散が高いっちゅうことは，高い木と低い木，太い木と細い木が混ざって生えている状態じゃな。なかには良い木もあれば，そうじゃない木もあるっつうことじゃ」

進「そうじゃな。まず森をじっくり歩いてみて，どの木を伐るか選別するかの」

菜摘「じゃあ，反対に分散の低い森だったら？」

和夫「そうじゃの…。要は同じような高さ，太さの木が一斉に生えている状態だからの。森をじっくり歩いての選別はしないかもの」

進「バラツキが小さいなら，どれも同じ木。あえて森をじっくり歩く必要はないかもの」

情景を頭に思い浮かべて各々に意見を述べる，進，和夫。

菜摘「(場の空気を読みながら) 具体的な木の伐り方なんかは，どうするの？」

進「一概には言えんが，分散が高い場合は木を１本１本選別して伐るのに対し，分散が低い場合は森の中に大型機械を走らせて一斉に伐るかの」

和夫「わしも同じじゃ。絵で描くとこんな感じかの」

ホワイトボードに絵を描き始める，和夫。

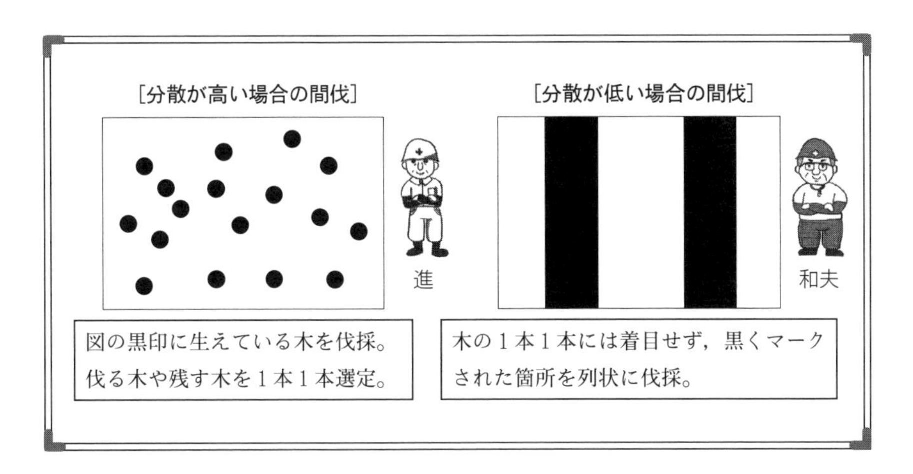

和夫「あくまで間伐（残った木が順調に生長するよう木を間引きすること）をする場合の例じゃが，わしの山の場合，分散が小さいから，この丸印部分を伐ると言った感じじゃ。分散が低い森なら，どこを伐っても同じような高さ・太さの木が出る。だから，あまり深いことは考えず，大型機械で一列に間伐してしまうかの。反対に進の森のように分散の高い森は個性の強い木が溢れているからの。1本1本を吟味して扱うことになるかの」

和夫の発言に深い相槌を打つ，進。

菜摘「こういう統計の分析って，どっちの森が良いか悪いか判断するより，今後，どうすればより良い森が作れるか，どうすれば効率の良い作業ができるかの参考になると思うの。人間も個性があるように，森にも個性があるわ。もっと森の個性を知って，その森に合った作業を考えていくべきよ」

和夫「確かに，その通りじゃ。わしら，いがみ合っている場合じゃないのぉ」

進「さすが，わしの娘。良い所に気付くのぉ」

和夫「なにを〜！！この分析はうちの颯太が教えてくれたんじゃ！」

口喧嘩を始める，進，和夫。

○和夫（颯太）の家の前（夕方）

　　　ホワイトボードを片付けている，菜摘，颯太。

颯太「菜摘，本当は大学に行きたかったりした？」

菜摘「（驚いた様子で）別に。私，特に学びたいことってないもの」

颯太「（残念そうな面持ちで）そっか」

菜摘「（笑顔で）それに，大学で学んできたこと，颯太が私に教えてくれるんでしょ？だったら，私は行かなくても大丈夫」

颯太・（心の声）「…嬉しいような恥ずかしいような」

　　　気恥ずかしそうに頭を掻く，颯太。

ナレーション「颯太はずっと菜摘から勉強を習う立場にいた。それが急に教える立場になり，しかも菜摘もそれを望んでいる。この未経験の状況に颯太は戸惑っていた」

　　　悪戯っぽそうに笑う，菜摘。

颯太「そうだった。最後に一つだけ注意点があるんだ」

菜摘「注意点？どんな？」

颯太「今回，高さ・太さを調べた木の他にも，森には沢山の木が生えている。つまり，まだまだ，沢山の木の高さ・太さを調べられる」

菜摘「それは，そうよね」

颯太「今回調べたのは150本の木だった。調べられないけれど，森全体の分散の値もあるはずだ。１回ごとの標本を採っての分散は，本来の森全体の木全部を測定した時の分散より小さくなってしまう。だから，実際に調べた木の本数から１を引いて（n－１）で分散を計算すると，森全体の分散に近い値になる」

菜摘「（困惑した表情で）どういう意味？」

颯太「分散を計算するとき，サンプルの１つ１つについて，平均値からの距離を二乗して，それを合計して，またサンプルサイズ（n）で割ったよね。それをサンプルサイズじゃなくサンプルサイズから１を引いた値（n－１）で割るのさ」

片付けかけていたホワイトボードに式を書く，颯太。

［不偏分散（ふへんぶんさん）］

不偏分散＝ $((X_1-\overline{X})^2+(X_2-\overline{X})^2+\cdots\cdots+(X_n-\overline{X})^2)/(n-1)$

颯太

颯太「これを不偏分散っていうんだよ」
菜摘「不偏？分散？」
颯太「そう。不偏分散」
菜摘「（少し考えてから）分散と不偏分散，使い方の区別がよく分からないわ」
颯太「例えば，ある森に100本しか木が生えていなかったら，つまり全数の調査だったら今回のような普通の分散を使えばいい。一方，森に数えきれないほどの木が生えていて，そこから100本だけを抽出して森全体の分散を測りたいときなんかは不偏分散を使うのさ」
菜摘「なるほど。分かったわ。一部を抽出して，全体を推測する場合，つまり標本調査の時に使うのが不偏分散なのね。なら，今回の比較，本当は不偏分散の方が正しかったってこと？」
颯太「そうだったかもしれない。ただ，サンプルサイズ（n）が大きければ，分散を計算する際nまたはn－１のどちらを使っても構わない。分散と不偏分散の値にほとんど差が出ないからね。今回，サンプルサイズは150あった（n＝150）。仮に150じゃなくて，不偏分散（n－1）の149で割っていても，そんなに値は変わらないと思わないかな？」
菜摘「（頭で計算しながら）なるほどね…」

菜摘

3．データをまとめる —度数分布表—

1）度数分布表

○和夫（颯太）の家の前（朝）

複数の若い女性の声が森に響き渡る。

不思議に思い家の外を見回す，颯太。

絢芽（20），ハンナ（22），美咲（21），

琴音（19）と会話している，和夫。

驚き家の外に飛び出す，颯太。

絢芽　ハンナ　美咲　琴音

颯太「親父，どうしたんだ？」

ナレーション「何事かと思った颯太。和夫が女子に囲まれる姿がよほど珍しかったのだろう。しかし，和夫は鼻の下をのばす様子もなく自然に女子と会話している。これにさらに驚く颯太」

颯太「一体，何が起こっているんだ…」

不審そうに周囲を見渡す，颯太。

遠くから歩いてくる，菜摘。

絢芽「あ，菜摘さんが来ましたよ！！」

ハンナ「あ，今日もよろしくお願いします！」

美咲「よろしくお願いします！！」

菜摘に向かって一斉に頭を下げる，絢芽，ハンナ，美咲。

菜摘「そんな，いいのよ。私は何もできる訳じゃないから。今，父を呼んできますね」

早々に舞台から外れる，菜摘。

困惑して頭を抱える，颯太。

しばらく後，女子たち（絢芽，ハンナ，美咲，琴音）の前に登場する，進。

和気あいあいと話をする，進，女子たち（絢芽，ハンナ，美咲）。

木陰に隠れこそこそ様子を見る，颯太。

颯太・（心の声）「一体，何が始まろうとしているんだ…」

菜摘「どうしたのよ，こそこそして」

驚かすように後ろから颯太に話しかける，菜摘。

菜摘「実は１年くらい前から，女の子たちがお父さんと和夫おじさんから林業を習いに来ているのよ。私たちと同じ高校卒業よ。女子４人で林業を始めるそうなの」

颯太「（納得，安堵した様子で）あぁ，それで…」

木陰から体を出す，颯太。

颯太「（女子たちを見渡して）高校の後輩にあたるわけか…」

菜摘「そうね。あの子たち林業を始めるといっても，まだ経験もないし，何より森を持っていないそうなの。だから，今はお父さんや和夫おじさんの作業についていってお給料を貰いながら林業を学んでいる。いつかは自分たちの森を買って，そこで林業をやるってよく話しているわ」

颯太「なるほどねぇ。林業を学びたい女子と人手が欲しかった進おじさんと親父。お互いWIN－WINな関係なんだね」

菜摘「そうね。それにしても，あの子たち凄いのよ。まだ高校を卒業したばかりなのに一生懸命で。このWIN－WINになる仕組も，あの子たちの方から提案してきたの。最初は突然のことでお父さんも和夫おじさんも戸惑ったけど，今じゃ大助かりだって話してるわ」

林業道具を持って森に入っていく，進，和夫。

進，和夫の後ろについて歩く，女子たち。

菜摘「（女子たちを手で示しながら）あの一番前を歩いている茶髪の子が絢芽。次に歩いている眼鏡の子がハンナ。ヘルメットの下にタオルを巻いている子が美咲。一番後ろをとぼとぼと歩いている子，あの子がリーダーで琴音よ。どう，覚えた？」

颯太「（考え込んだ様子で）…たった４人で林業ねぇ」

ナレーション「颯太が大学を卒業して戻ってきて，早くも１カ月が経とうとしていた。進と和夫は毎日のように山に出かけていたが，颯太は家で一人のんびりとしていた。就職は地元でしたいと考えていた颯太だが，いざ地元に帰るとなかなか職が見つからなかった」

ナレーション「菜摘はと言えば，家事をしながらも，林業の手伝いをしている。林業と言っても，山仕事ばかりではない。経営を営む以上は，それなりの事務仕事も必要であり，菜摘はその仕事を主に担当していた」

○和夫の森の前（夕方）

働き疲れた様子で森から出てくる，進，和夫。

進，和夫の後で森から出てくる，元気いっぱいの女子たち。

絢芽「何か，もし良い方法が分かったらお願いします」

和夫「今丁度，うちの息子が帰ってきたんだ。聞いておくから明日また来いや」

女子たち「は～い」

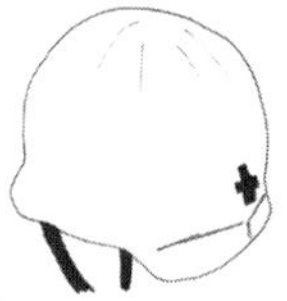

○帰り道（夕方）

今日の内容について反省会をする，女子たち。

絢芽「いつも私たちがやっている林業とは違ったわね」

ハンナ「やっぱりとてもカッコ良い機械だったわね。林業やって良かったわ」

ナレーション「この日，女子たちはハーベスタという高性能林業機械を運転した。生えている木を伐るだけでなく，伐った木の枝を幹から外し，さらに幹を適当な長さに切り揃えることができる優れた機械である。簡単に操縦できるものではないが，女子たちの技術は着実に上達していた」

美咲「ケーブルを伝って木が山を下っていく様子。あれも凄いよねー」

ナレーション「森で伐った木は一か所に集められる。しかし，急峻な山（森）では伐った木を車に積んで集めること（車両集材）ができない。そのため，ワイヤロープを空中に張り，伐った木をワイヤロープに吊るすようにして移動させ集めること（架線集材）がある。地形が急峻で森に道が少ない日本では特に発達した技術である」

琴音「でも，林業は危険も多いです。例えば先日のチェーンソーなんて…」
絢芽「(思い出すように) そうね…」
ナレーション「昔，森で木を伐る作業をしていたおじさん (75) のチェーンソーが絢芽の足にあたる大事件があった。林業をはじめたばかりで，チェーンソーで作業をしていたおじさんに不用意に近付いてしまった絢芽の不注意である。あわや大惨事になるところだったが，専用の防護着を着ていたため無傷で済んだ絢芽。それ以来，作業中の者とは一定の距離を保つこと，防護着の着用の必要性について，身をもって感じた女子たちであった」
美咲「あれ，防護着じゃなかったら足切断していたね…」
絢芽「うん…」
ナレーション「林業は特に怪我や災害の多い産業である。技術の向上も大事であるが，安全に作業することこそ最も重要であると言える」

○進と菜摘の家の中・リビング (夕食)

　　進の家で進，菜摘と共に食事をとる，颯太。

ナレーション「女子たちの話を聞いていたところ夕方になり，そのまま進 (菜摘) の家で夕食をごちそうになることになった颯太であった」
菜摘「(颯太の耳元で) 彼女たち，ああ見えても雑誌などで頻繁に取り上げられて，若者に林業ブームを巻き起こしているのよ。カラフルなデザインの作業着を作ったり，自分たちで林業機械なんかも運転しちゃったり。それを見た者が林業に憧れ始めているらしいわよ」
颯太「最近，林業で若者の比率が増えていると聞くよね。あの子たちがそれを下支えしてくれているといいね」

　　夕食を食べ，一息つく，進，菜摘，颯太。

進「(改まった雰囲気で) 颯太君，実はなんじゃが。今日来ていた女の子が，ここらの森の木の年齢をグラフで表わしたいらしいんじゃ。良い方法はないものかの…」
颯太「グラフ？例えばどんなイメージですか？」

進「いや，実はな。ここらの森なんじゃが，１年前に植えた木の箇所もあれば，10年前や20年前に植えた木の箇所もある。さらには，うちの祖先が60年以上も前に植えた木の箇所なんかもあっての。何年前に植えた木（林齢何年生の木）が何本くらいあるか，一目で分かるようなグラフがあればいいんだが…なんて話していたんじゃよ」

颯太「（考えた後に）グラフでねぇ。表じゃダメなんですか？」

進「（首をゆっくり横に振って）いやいや，表ならあるんじゃ。ただ，数字が並んでいる一覧表だと一目じゃ分からなかったりするじゃろ。だからグラフにしたいんだと。全く，わしは今までグラフにしようなんて考えもしなかったよ。若い子の発想というか何と言うか。少し前に流行した“見える化”ってやつらしいの」

颯太「（深く頷いて）一覧表があるんでしたら，それをそのままグラフにする方法もあります。何年に植えた（林齢何年生の木か）という内容なら棒グラフが妥当でしょう」

進「そりゃ，そうなんじゃが…。なにぶん，森には今年植えた（林齢１年生の）木から，100年以上も前に植えられた木まであるんじゃ。それら全てをグラフには，とてもできんくての」

颯太「（少し考えて）その一覧表，少し見せて貰えませんか？」

テーブルの上に置かれた一覧表を除きこむ，進，颯太，菜摘。

颯太「凄いですね…。平成から昭和，大正，明治…と昔まで。それも今何本くらい残っているか（今の本数）まで書いている」

進「今の本数は森を見た感じから分かる凡その本数じゃがな。でも，大きくは外さんと思うぞ。これでも林業に人生を懸けとるからの」

植えた年	今の本数	植えた年	今の本数	植えた年	今の本数	植えた年	今の本数
平成28年	6,000	平成15年	2,900	平成2年	6,360	昭和52年	8,880
平成27年	8,880	平成14年	8,910	平成元年	2,370	昭和51年	1,880
平成26年	5,900	平成13年	2,920	昭和63年	3,880	昭和50年	3,900
平成25年	8,850	平成12年	5,810	昭和62年	3,880	昭和49年	7,850
平成24年	2,880	平成11年	11,880	昭和61年	5,900	昭和48年	4,380
平成23年	5,890	平成10年	11,880	昭和60年	2,350	昭和47年	8,890
平成22年	8,910	平成9年	2,900	昭和59年	6,880	昭和46年	8,870
平成21年	2,910	平成8年	5,850	昭和58年	6,890	昭和45年	2,360
平成20年	8,920	平成7年	11,880	昭和57年	2,370	昭和44年	3,870
平成19年	2,810	平成6年	8,890	昭和56年	6,860	昭和43年	7,860
平成18年	5,880	平成5年	3,870	昭和55年	2,370	⋮	⋮
平成17年	5,880	平成4年	5,860	昭和54年	4,860		
平成16年	8,900	平成3年	1,870	昭和53年	8,870		

菜摘「一覧表。確かに年代が多すぎて見にくいわね」

進「そうなんじゃ。試しに棒グラフにもしてみたんじゃが，何せ100以上も並ぶからの…。まだ一覧表の方が見やすいくらいじゃった」

颯太「(納得の面持ちで) なら，度数分布表でまとめるのはどうでしょう？」

進「ドスーブンプ表？また新しい言葉が出てきよった」

菜摘「どすう分布表，名前は聞いたことがあるわ。よくは知らないけど」

颯太「そんなに難しい話じゃない。棒グラフを作るとき，1年ごとに作る必要なんてない。例えば，平成28年の木は6,000本，平成27年の木は8,880本あるよね。これをまとめて平成28～27年の木は14,880本と数えればいいだけの話さ」

進「(驚いた様子で) なるほどの。言われれば簡単な話じゃった」

颯太「じゃあ，この方法で度数分布表を作成してみますね」

テーブルにある鉛筆とルーズリーフに手を伸ばす，颯太。

進「待った。どうせなら，平成28年から平成24年のように５年ごとにまとめた度数分布表にしてくれんかの？」

颯太「５年ごと？構いませんが，何か理由があるんですか？」

進「いや，木の年齢を表す方法として，１年生から５年生をまとめて１つのくくり（専門用語でいうと１齢級）として表現することもあるんじゃ。５年ごとにまとめる意味が分からなくて使っていなかったが，これは度数分布表が形を変えたものだったんじゃな。確かに，これなら見やすい表ができる気もする」

颯太「分かりました。では，５年ごとにまとめた度数分布表を作成します。一覧表の項目を合体させて，こうやって表現するんだ」

<table>
<tr><th>植えた年</th><th>林齢</th><th>今の本数</th><th></th><th>今の本数（合計）</th></tr>
<tr><td>平成28年</td><td>１年生</td><td>6,000</td><td rowspan="5">１－５</td><td rowspan="5">32,510</td></tr>
<tr><td>平成27年</td><td>２年生</td><td>8,880</td></tr>
<tr><td>平成26年</td><td>３年生</td><td>5,900</td></tr>
<tr><td>平成25年</td><td>４年生</td><td>8,850</td></tr>
<tr><td>平成24年</td><td>５年生</td><td>2,880</td></tr>
<tr><td>平成23年</td><td>６年生</td><td>5,890</td><td rowspan="3">６－10</td><td rowspan="3">29,440</td></tr>
<tr><td>平成22年</td><td>７年生</td><td>8,910</td></tr>
<tr><td>……</td><td>……</td><td>……</td></tr>
</table>

颯太

ナレーション「先ほど進の話したとおり，平成28年から平成24年に植えた木（林齢１年生から５年生）の本数は32,510本。「植えた年（林齢）」ごとに項目を作ると大変だが「５年のくくり」ごとにまとめることで項目を減らし，見やすくすることができる」

颯太「これで完成！」

菜摘「だいぶ見やすいわね」

進「いやぁ。林齢5年ごとに一覧表を作ればいいだけの話じゃったか」頭を掻く，進。

木の年齢の一覧表

林齢	今の本数	林齢	今の本数	林齢	今の本数
1－5	32,510	36－40	31,840	71－75	16,300
6－10	29,440	41－45	26,900	76－80	11,220
11－15	32,470	46－50	25,880	81－85	9,020
16－20	35,390	51－55	36,350	86－90	6,770
21－25	36,350	56－60	25,900	91－95	4,320
26－30	18,360	61－65	22,000	96－100	2,680
31－35	24,390	66－70	18,480	101－105	5,570

菜摘「でも，なんでこの表を使わないようにしていたの？」

進「いやぁ，5年ごとで大きくまとめちゃうと，林齢（1年）ごとの細かな情報が分からなくなる気がしてのぉ。気付けばすっかり忘れておったわ」

颯太「それは一理あります。細かな情報が見られなくなってしまうのは度数分布表の欠点です。でも，情報を少しでも分かりやすく表現する。つまり，“見える化”って意味ではこれが正しいと思いますよ」

進「なるほどのぉ。じゃが，万が一じゃよ。万が一，この1～5年に含まれる32,510本の詳細な林齢を知りたくなった場合はどうするんじゃ？一覧表があれば分かることじゃが，グラフだけだと全く答えようがない」

颯太「実は答える方法はあるんです。一覧表ほど正確な情報ではないですが，一応の正しい答えが。1～5年の真ん中になる“中央値”をそこに属する全ての木の年齢として当てはまると仮定するんです」

進「ちゅうおうち？」

颯太「そう。その項目の中央に来る値のことです」

鉛筆を握りルーズリーフに文字を書き始める，颯太。

颯太

[中央値の例]

1－5年生：1年生　2年生　3年生　4年生　5年生（3年生が中央値）

6－10年生：6年生　7年生　8年生　9年生　10年生（8年生が中央値）

[中央値から導かれる仮定]

「林齢3年生（中央値）が32,510本ある」と仮定

「林齢8年生（中央値）が29,440本ある」と仮定

颯太「ちなみに林齢1年生から5年生のような度数分布表で扱った項目の範囲を“階級”と呼ぶんだ。さらに範囲ごとの中央値を“階級値”。その階級に含まれるデータの数を“度数”と呼ぶ。これは決まり事って感じかな」

鉛筆とルーズリーフに手を伸ばした，菜摘。

菜摘「今，颯太から習ったことをまとめると，こうなるのね」

[度数分布表での呼び方]

範囲：階級

範囲ごとの中央値：階級値

その範囲に含まれるデータの数：度数

菜摘

階級	1 － 5	6 －10	11－15	16－20	21－25	…	100－105	合計
階級値	3	8	13	18	23	…	103	
度数	32,510	29,440	32,470	35,390	36,350	…	5,570	452,140

颯太「そう，その通りだよ。今回は，たまたま階級の幅を5にしたけれど，この幅を5にしなきゃいけないなんて決まりはない。階級の幅を林齢1年生から3年生にしても良いし，極端な話，林齢1年生から25年生なんかにしても構わない。階級の幅は，その度数分布表を作る人の任意だよ」

菜摘「扱うデータによって使い分けていいのね」

颯太「度数分布表で階級値（中央値）をyの記号で表してみようか。1つ目の階級の階級値（中央値）をy_1，2つ目をy_2と書く。また，度数（その階級のデータ数）についてはfの記号を使おう。同じく一つ目の階級の度数をf_1，2つ目をf_2という風に表そう」

記号で書いてみよう。階級の数がm個あるとする。

階級	1	2	3	4	5	…	m	合計
階級値	y_1	y_2	y_3	y_4	y_5	…	y_m	
度数	f_1	f_2	f_3	f_4	f_5	…	f_m	$f_1+f_2+f_3+f_4+f_5+\cdots+f_m$

y_1，y_2，y_3，y_4，$y_5\cdots y_m$はそれぞれの階級の中央値（階級値）で，f_1，f_2，f_3，f_4，$f_5\cdots f_m$はその階級に含まれるデータの数（度数）になる。

林齢1－5年生＝階級1
階級1の階級値（林齢3年生）＝y_1
階級1の度数（32,510）＝f_1

進「よし，できたぞぃ」

　　進の方を向く，菜摘，颯太。

進「いやなに。当初の目的はこの一覧表の内容をグラフにすることじゃったからな。まずは一覧表を階級（林齢1－5）の度数分布表にして，それを棒グラフにしたんじゃ」

　　完成した度数分布表の棒グラフを広げて見せる，進。

　　度数分布表の棒グラフを覗き込む，菜摘，颯太。

進「（得意そうに）これで“見える化”もバッチリじゃ」

颯太「そうそう。言い忘れていました。度数分布表のグラフのことは“ヒストグラム”と呼ばれます。まさしく，これがそうです」

　　進の作成した棒グラフ（ヒストグラム）を指さす，颯太。

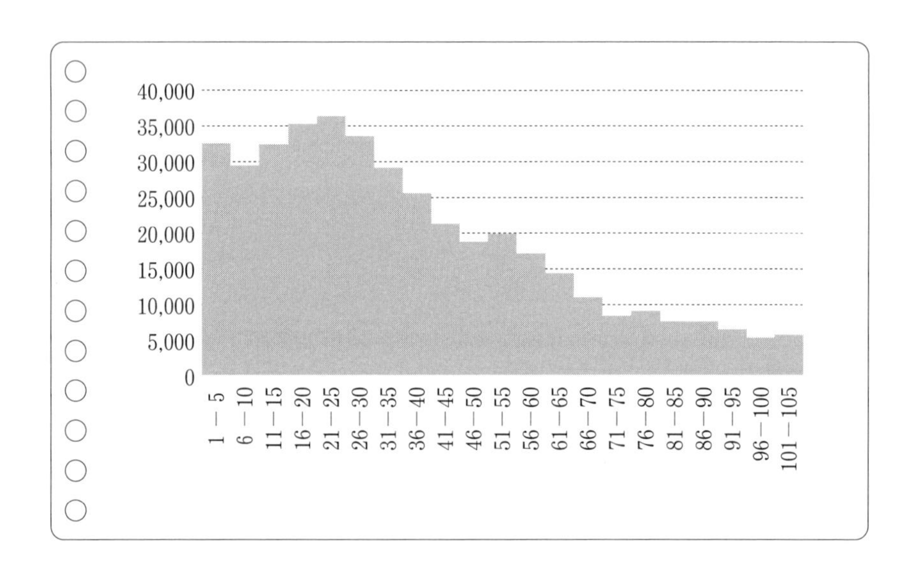

菜摘「ヒストグラムね，覚えたわ。それにしても，いろいろと名前があるのね」

○進の森の前（夕方）

講師然として女子たちの前に立つ，進。

進の話をメモ取りしながら真剣に聞く，女子たち。

絢芽「（目を輝かせながら）なるほど～。度数分布表とヒストグラムですね」

ハンナ「言われれば，簡単な事ですが全く気が付きませんでした」

女子たち「ありがとうございました」

一斉に進にお辞儀をする，女子たち。

ナレーション「女子達は喜んで帰っていきました」

○帰り道（夕方）

今日の内容について反省会をする，女子たち。

美咲「ねぇねぇ。度数分布表を使って，いろんなデータをグラフ化してみない？グラフにすることで見えてくるものもあると思うの」

絢芽「いいね！賛成！！せっかく習った度数分布表，林齢だけしか“見える化”しないなんて，もったいない」

ハンナ「それもそうね。何をグラフにしよう。楽しくなってきたね」

琴音「私たちの経営状況を見やすくするのはどう？」

ナレーション「話はどこまでも発展するのであった」

2）度数分布表を活用しての平均値

○進と菜摘の家の中・リビング（夕食）

進の家で菜摘と世間話をする，颯太。

ナレーション「大学に行かなかったことに悔いはない菜摘だが，颯太の統計学に魅せられていることは否定できない。颯太に質問を投げかけるタイミングを伺う菜摘」

菜摘「度数分布表って前にあったじゃない？あのグラフはデータを“見える化”したけど，具体的な平均値が分からないのは残念よね」

颯太の顔をチラチラ見つつ反応を伺う，菜摘。

興味津々でいる菜摘に気付き，菜摘の方を向く，颯太。

颯太「そうでもないんだ。度数分布表を使って，平均値や分散を求める方法もあるんだよ」

菜摘「(驚いたような素振りを見せつつ）え？どうすれば良いの？度数分布表から平均を求めるって…」

颯太「難しく考えなくて良いんだよ。じゃあ，説明するから聞いていてね」

菜摘「うん」

颯太「ここに丁度いいデータがある。これを使って説明しよう」

ナレーション「目の前には木の高さを測ってまとめたメモがある。具体的な目的は分からないが，10本ほどの記載。統計を説明するのには丁度良かった」

メモを手に取り菜摘に渡す，颯太。

颯太「じゃあ，この木の高さの分散と標準偏差を求めてみて」

菜摘「分かったわ。まず平均値を求めて，偏差（１本１本の木の高さの平均との距離）を求めて…。その偏差を二乗して合計する。そして，サンプルサイズで割る…。って，待って」

颯太「どうしたの？」

菜摘「前に不偏分散って習ったわ。その場合はｎ－１のサンプルサイズ。つまり，９で割ることになる。でも，普通の分散ならサンプルサイズそのままの10で割る。どっちを使おうかなって」

颯太「なるほど。それで計算を止めたんだね。じゃあ，不偏分散を使うのはどういうときだっけ？」

菜摘「全体から一部のサンプルだけを抽出して，全体の分散を把握しようとするときだったわ」

菜摘「(少し考えて）そっか。今回は特に標本調査をしているわけじゃないわ。この10本の分散を求めたいだけ。なら，最後にわる数はｎの10でいいわね」

一人で納得し，計算結果をルーズリーフにまとめる，菜摘。

	木の高さ（m）	偏差	偏差の二乗
１本目	11	−6.5	42.25
２本目	18	0.5	0.25
３本目	22	4.5	20.25
４本目	22	4.5	20.25
５本目	13	−4.5	20.25
６本目	9	−8.5	72.25
７本目	25	7.5	56.25
８本目	19	1.5	2.25
９本目	20	2.5	6.25
10本目	16	−1.5	2.25
合計	175		242.5
平均/分散	17.5		24.25
標準偏差			4.92

（注）有効数字は二けたであるが，度数分布表の計算をわかりやすくするために，以下小数第２位まで計算する。

これまで習った方法での計算結果

平均値＝各値の合計値／データの個数＝175／10＝17.5

分散＝（各偏差）^{2} の合計／データの個数＝242.5／10＝24.25

標準偏差＝$\sqrt{分散}$＝$\sqrt{24.25}$＝4.92

颯太「（ルーズリーフを手に取り）そうだね，このとおり。じゃあ，この10本のサンプルを度数分布表にしてみよう。一番低い木が９ｍだから，９からはじまる３ｍ刻みで階級を作ってみよう」

菜摘「９ｍ，10ｍ，11ｍで階級１。12ｍ，13ｍ，14ｍで階級２ってことね」

階級	1(9－11)	2(12－14)	3(15－17)	4(18－20)	5(21－23)	6(24－26)
階級値	10	13	16	19	22	25
度数	2	1	1	3	2	1

菜摘

颯太「さすが菜摘。完璧だね」

思わず照れる，菜摘。

颯太「この表で平均値は，度数分布表から簡単に求めることもできる」

菜摘「簡単に？」

ルーズリーフに鉛筆で書き込む，颯太。

例えば，階級１（９－11）の度数は２で，階級値（中央値）は10。
この階級にある木はすべて10mであると考えて，階級１の高さの合計は，２（度数）×10（階級値）＝20と考えられる。
同じ要領で階級２の合計は13，階級３の合計は16，階級４の合計は57，階級５の合計は44，階級６の合計は25。階級１～６の本数（度数）の総合計は175。

この175を10で割ったのが平均値。

$$平均値=(2\times10+1\times13+1\times16+3\times19+2\times22+1\times25)/10=17.5$$

階級１に含まれる度数＝f_1，階級１の階級値（中央値）＝y_1，以下同様とすれば，一般的に次のように示せる。

$$平均値=(f_1\times y_1+f_2\times y_2+f_3\times y_3+\cdots f_n\times y_m)/(f_1+f_2+f_3+\cdots+f_m)$$

颯太「度数分布表にデータをまとめないと，視覚的にデータの特性をとらえられないし，場合によっては計算に使うデータも多く煩雑になってしまう。それらの問題点を解決するために度数分布表は使われているんだ」

菜摘「確かに度数分布表はデータの特徴がすぐわかるし，平均値も簡単に求まるのね」

3）度数分布表を活用しての分散・標準偏差

颯太

颯太「統計学に興味がありそうだね」

突然の質問に戸惑う，菜摘。

菜摘「（気恥ずかしそうに）少し，少しだけね」

颯太「そんな。別に隠さなくても良いのに」

菜摘「何も隠してなんかないわよ」

颯太「実は，度数分布表を使って分散と標準偏差を求めることもできるんだ。聞きたい？」

菜摘「聞きたいわ」

颯太「厄介そうに思えるけど，簡単な話なんだ。よく聞いててね」

菜摘「うん」

颯太「分散と標準偏差を求めるには，まず偏差が分からなきゃいけない」

菜摘「そうね。偏差を二乗して合計する。そして，それをサンプルサイズで割ったのが分散だものね」

颯太「そのとおり。度数分布表で見る偏差は，それぞれの階級の階級値（中央値）から平均値（度数分布表から求めた平均値）を差し引いて求めるんだ」

菜摘「（少し驚いたように）え？階級値（中央値）から？」

颯太「そう，各階級に階級値（中央値）は一つしかないよね」

颯太「今回，平均値は17.5。例えば階級１（９－11）の場合，階級値（中央値）は10。よって，階級１（９－11）の偏差は10－17.5＝－7.5と計算できる」

考え込むように首をかしげる，菜摘。

颯太「何か分からないことでもあるの？」

菜摘「ううん，何でもないの。ただ，実際のサンプルは10あるでしょ。でも，階級ごとに偏差を求めるとなると，階級の数しか偏差が求まらないと思うの。今回は６だけ。データは10あるのに６つで良いのかなって…」

颯太「(笑いながら) そんなことか。まずは階級ごとの偏差を求めて欲しい。その後，階級ごとの偏差に度数を掛けるから。聞いていてね」

ルーズリーフに鉛筆で文字を書く，颯太。

[階級ごとの偏差]

階級	1(9−11)	2(12−14)	3(15−17)	4(18−20)	5(21−23)	6(24−26)
階級値（y）	10	13	16	19	22	25
度数（f）	2	1	1	3	2	1
偏差	−7.5	−4.5	−1.5	1.5	4.5	7.5

平均値 $\overline{y}=17.5$

階級１の偏差 $= y_1-\overline{y}=10-17.5=-7.5$

階級２の偏差 $= y_2-\overline{y}=13-17.5=-4.5$

階級３の偏差 $= y_3-\overline{y}=16-17.5=-1.5$

・・・・

階級mの偏差 $= y_m-\overline{y}$

颯太

菜摘「データのバラツキを表す分散は偏差の２乗の平均値なのよね」

颯太「その通り。標準偏差の求め方は覚えてる？」

菜摘「分かるわ。標準偏差は分散の平方根だったわよね。分散を求めることは標準偏差も求めることとほぼ同じことなのよね」

颯太「本当，菜摘は頭が良いなぁ」

菜摘「階級ごとの偏差に度数を掛けるのよね？こういうことかしら？」

自分で計算したメモを颯太に見せる，菜摘。

［度数分布表から分散を求める手順］

① 階級ごとの偏差を求める

② 階級ごとの偏差を二乗する

③ 階級ごとの偏差を二乗した値に度数（f）を掛ける

④ ③で求めた値を合計する（すべての階級で足し合わせる）

⑤ ④の値を度数の合計で割る

今回の具体的式

分散σ^2＝（2×56.25＋1×20.25＋1×2.25＋3×2.25＋2×20.25＋1×56.25）／10＝23.85

颯太「（菜摘のメモを見ながら）凄いね。よく理解できているよ」

菜摘「（嬉しそうに）へへへ。今回，階級は6個だったけど，仮にm個として一般化するんだったら，分散の式は次のようになるのよね」

メモに数式を書き足して颯太に見せる，菜摘。

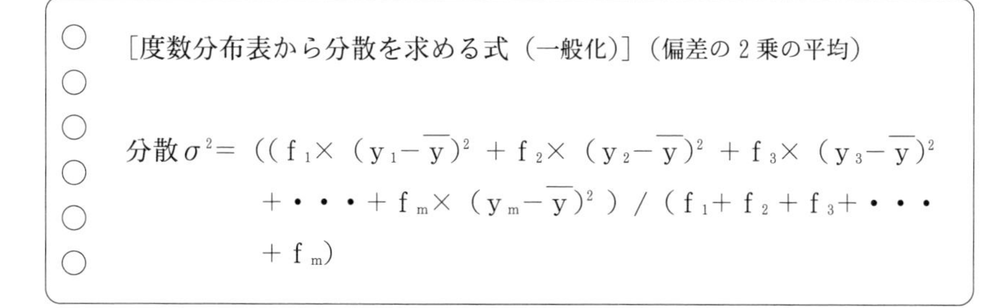

［度数分布表から分散を求める式（一般化）］（偏差の2乗の平均）

分散σ^2＝$((f_1\times(y_1-\overline{y})^2+f_2\times(y_2-\overline{y})^2+f_3\times(y_3-\overline{y})^2+\cdots+f_m\times(y_m-\overline{y})^2)/(f_1+f_2+f_3+\cdots+f_m)$

颯太「(数式を見て驚きながら) 本当に凄いね…」

颯太・ (心の声)「大学でこの数式を理解するだけでも時間がかかったのに…」

菜摘「なんか度数を f_1, f_2・・・f_mとしたり，階級値をy_1, y_2・・・y_mとしたり，平均値を$\overline{y}$にしたり。記号にすると複雑に見えるけれど，前に習ったことと言っていることは同じなのよね。理解すると簡単だわ」

颯太「それにいち早く気付けただけでも凄いよ。さすが！」

菜摘「(嬉しそうに) 標準偏差は分散の平方根だから，こうね！」

メモに数式を書き足す，菜摘。

菜摘

○

○　標準偏差＝$\sqrt{分散}$＝$\sqrt{23.85}$＝4.88

○

颯太「その通り。じゃあ，最後に，最初に示した度数分布表で木の年齢の平均値と分散を求めよう。」

菜摘「私が計算してみるわ」

そういって菜摘が計算した。

菜摘

菜摘「計算ができたわ」

平均値＝ (32,510× 3 ＋29,440× 8 ＋・・・・＋5,570×103) ÷452,140＝40

分散＝ ((32,510× (3－40) 2 ＋29,440× (8 －40) 2 ＋・・・
＋5,570× (103－40) 2) ÷452,140＝623

標準偏差＝25

颯太「平均値が40歳なので15歳から55歳の間に68%が入っていることになるね」
菜摘「この結果をお父さんに教えてあげるわ」

第２章　正規分布・確率分布

１．　離散型変数と連続型変数

○和夫（颯太）の家の前（夕方）菜摘，女子たちの前で話す颯太。

颯太「話題を少し変えよう。“離散型変数”や“連続型変数”って言葉を聞いたことあるかな？」

一斉に首を横に振る，女子たち。

女子たちから少し遅れて首を振る，菜摘。

菜摘「（考えて）離散型と言うくらいだから離れていて，連続型は連続しているのは分かるのだけど…」

颯太「そうだね。言葉のとおり離散型変数とは，例えば１，２，３・・・のようにとんでいる数字を言うんだ」

絢芽「（首を傾げて）跳んでいる？１，２，３・・・なら連続していませんか？」

ハンナ「ちょっと，絢芽。数字を小数点まで細かく見ていくと1.111，1.112のように，本来は小数点以下が無数に続くはずでしょ。そう考えると，私たちが普段使っている１，２，３・・・は確かにとんでいる数字だわ」

絢芽「あ，なるほど」

ハンナに指摘を受けて気恥ずかしそうに周りを見回す，ハンナ。

颯太「そうだね。例えば，テストの点数なんかが離散型変数の良い例かな。１点１点，とびとびになるからね」

菜摘「なら，連続型変数は途切れることなく繋がっている数字のことかしら？」

颯太「その通り。例えば身長や体重なんかが連続型変数になるね」

菜摘「なるほど。分かったわ」

納得する菜摘をよそに困惑する，絢芽，ハンナ，美咲。

連続型変数の適切な説明方法を考える，颯太。

颯太「（唐突に）菜摘は身長いくつ？」

菜摘「（驚いて）え，私の身長？」

颯太「うん。ちょっとだけ教えて欲しくて」

菜摘「な，なんでよ」

ナレーション「菜摘は身長が高いことを気にしていた。できることならば答えたくない。そのことは中学，高校と一緒だった颯太も知っていたはず」

菜摘・（心の声）「よりによって，なんで私に身長聞くのよ！」

菜摘「（不機嫌そうに小声で）168センチ」

颯太「もっと細かく。小数点の単位まで教えて欲しい」

菜摘「（不機嫌に）168.8センチよ」

颯太「もっと細かく！」

菜摘「（ムッとして）そんなの，分かる訳ないじゃん！」

思いがけず菜摘の逆鱗に触れてたじろぐ，颯太。

やや騒然とする，女子たち。

颯太「ごめん。連続型変数の例えにしようと思ったんだ」

声を荒げたことで落ち着きを取り戻す，菜摘。

落ち着きを取り戻す，女子たち。

颯太「例えば，身長なんかを数値で表そうとすると168.7センチ，168.8センチのように区切られてしまう。けれど，実際には168.71…センチ，168.71…センチのように小数点以下まで細かく見ていくと繋がっているはず」

美咲「（閃いたように）ようやく意味が分かったわ。確かに，突然に168.7センチから168.8センチにグンと0.1センチ伸びるわけじゃないものね。ゆっくりゆっくり伸びて0.1センチになるのだもの」

颯太「そう。だから身長は連続型変数なんだよ」

美咲「離散型変数も納得したわ。確かに69点，70点のようなテストの点数は離散型変数ね。だって，69点と70点の間に，実は無数の数値が存在していて，繋がっているなんてことないもの」

2．正規分布

1）正規分布

絢芽「ねぇ，連続型変数と離散型変数は分かったから，そろそろ本題に入ってください」

颯太を急かすように言う，絢芽。

颯太「そうだね。度数分布表からヒストグラムを描いたね。ヒストグラムは真ん中が高くて左右に行くと階段上で山裾のように低くなっていったね。ここでは連続型変数にして考えてみたい」

颯太の説明に集中する，菜摘，女子たち。

颯太「横軸の連続型変数 x を記号の x で表す。この理論上の折れ線グラフを描くと次のようになるんだ」

ホワイトボードに理論上の折れ線グラフを描く，颯太。

颯太の描くグラフを真剣に見つめる，菜摘，女子たち。

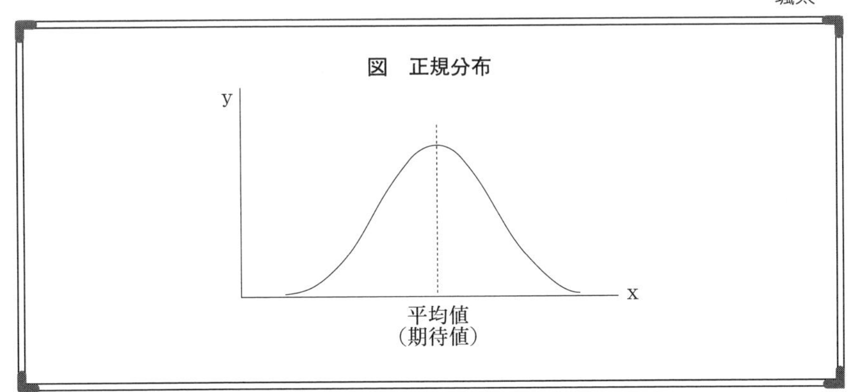

菜摘・（心の声）「このグラフ，見たことあるわ！」

琴音・（心の声）「このグラフの形，本で見ました。名前は確か…」

ナレーション「見覚えのあるグラフに思わず声を出したくなった菜摘と琴音。事実，目にする機会はとても多いグラフである。しかし，いざグラフの名称を言おうとしても答えが出ない。そんなもどかしさを覚える菜摘と琴音」

颯太「このようなグラフを“正規分布”と言う」

颯太の言葉を聞いてハッとする，菜摘，琴音。

颯太「正規分布は平均値を中心にして左右対称の山型のグラフとして描ける。ただ，この正規分布の形状はデータが連続型変数であることが前提だからね。先に離散型変数と連続型変数について説明する必要があったのさ。このグラフ，見たことないかな？」

菜摘，女子たちの方を見渡して言う，颯太。

菜摘「私，あるわ。どこで見たのかははっきり覚えていないけど」

琴音「（自信なさそうに）私も何かの本で見た気がします。あと，高校時代に全国模試の結果なんかで見た気も…」

菜摘，琴音の発言を聞き同調するように頷く，絢芽，ハンナ，美咲。

颯太「そうだね。全国模試くらいの受験者数になると，平均点近くの点数を取る人が大勢いて，良い点数や悪い点数を取る人は徐々に少なくなっていく。ちょうど平均点を中心にした山型のグラフになるんだよ」

ホワイトボードに書かれた正規分布を指さす，颯太。

颯太「ここからが本題。ヒストグラムの内側の面積を1とするように変形すれば，xが入る範囲の割合は山型のヒストグラムの面積で計算できる。xが連続型の時の正規分布の面積は1なんだ」

美咲「えっ？」

颯太「この正規分布の山の内側の面積は1（100%）と考えるんだ。山の内側の面積が1（100%）であることは，実に様々なことに応用できるんだよ」

2）正規分布の形

考え込んでいる，女子たち，菜摘。

ナレーション「突然に説明された正規分布。山の内側の面積が1（100%）になるという性質が，どのような場面で活用されるのか。それを一生懸命に考える5人」

ハンナ「試験結果や身長，体重はどれも正規分布でした。もしかしたら，木の高さや太さも正規分布になるってことですか？」

颯太「そう，特別な制約条件がない限り，我々が数多く集めたデータは正規分布に従うと考えていいんだよ。普通のデータは正規分布をする。だから正規分布は普通の分布なんだ。」

絢芽「(少し間を置いて）あ，なるほど！木の高さ，太さ，樹齢も正規分布するのね」

美咲「そうか。それで颯太は正規分布の説明をしたんだね」

琴音「なるほど。…と言うことはここからが本題ですね」

琴音の言葉につられるように真剣さを増す，絢芽，ハンナ，美咲。

これまでの颯太の説明を頭の中で反復させる，菜摘。

菜摘「(ハッとしたように）あ！」

ナレーション「突然，何かに気付いたように声を上げる菜摘」

颯太「菜摘，何かに気付いたのかな？」

ナレーション「菜摘の理解力の早さを十分に理解している颯太。しかし，今しがた正規分布の説明をしたばかりである。さすがに菜摘と言えども何かを閃くわけはない。そう思い込んでいる颯太。颯太には大学で4年間学んだというプライドもある」

菜摘「(確かめるように）もしかしての話よ。平均値や分散から山の形が求められるんじゃないかしら」

琴音「(少し考えて）何か，そう思った根拠があるんですか？」

菜摘「ふと思っただけなんだけどね。平均値や分散で正規分布の山の形が変わってくることに気付いたの。まず，平均値によって山の中心が決まるわ。次に，平均値に近い値が多ければ，つまり，分散が小さければ，広がりの狭い中心が高い山になるの」

嬉々として語る菜摘に相槌を打つ，琴音。

琴音「言われてみれば，そうね。反対に平均値から遠い値が多ければ分散は大きくなる。そうすると，平たく低い山のグラフになるわ」

お互いの説を肯定し合ってはしゃぎ合う，菜摘，琴音。

ナレーション「菜摘と琴音の閃きの鋭さに固唾を呑む，颯太。この二人の話している内容は，まさしく颯太が解説しようとしている内容そのものであった」

琴音「でも，問題はさらに先にあります。平均値や分散から山の形が求められたとして，それをどう実務に結びつけるか…。そこまでを学んではじめて意味があります」

菜摘「そうね。琴音ちゃんの言う通りよね」

菜摘と琴音の会話が終わり，落ち着きを取り戻す舞台。

説明をはじめるタイミングを伺う，颯太。

菜摘「ねぇ。そろそろ解説して欲しいなー」

絢芽「そうですよ。お願いします」

颯太「（改まった様子で）では，説明します。気付いた人もいるようだけれど，分散の大きさによって山の広がりは違ってきます」

ホワイトボードに 3 種類の正規分布を描く，颯太。

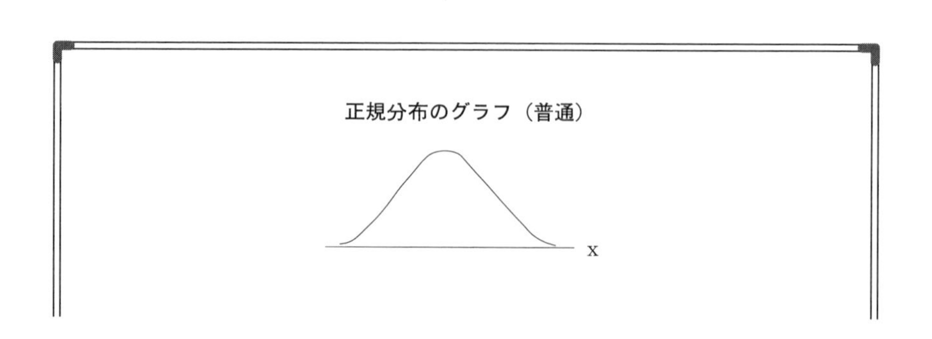

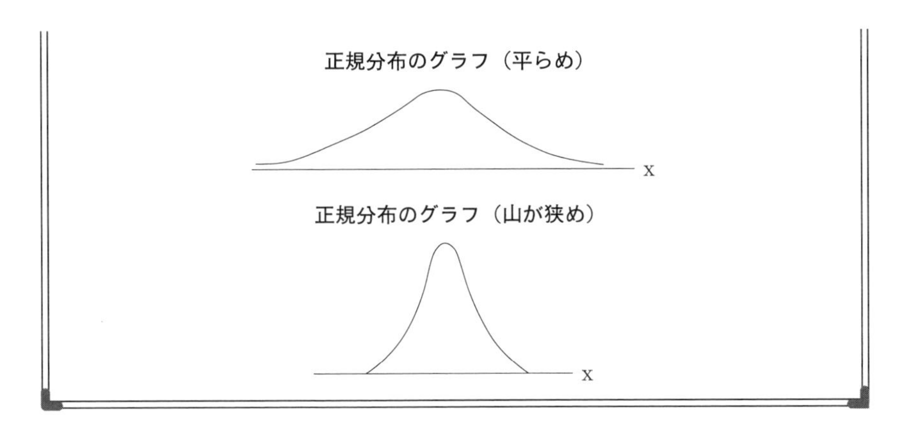

絢芽「並べてみるとよくわかります。分散の大きい正規分布は平たくなって，

　　分散の低い正規分布は山が狭く高くなります」

ハンナ「本当ね」

颯太「この正規分布の面積は 1 （100%）になるんだ」

絢芽「うん。納得。割合は全部足すと 1 （100%）ですものね」

颯太

　　　絢芽の言葉に合わせて頷く，ハンナ，美咲。

3．標準正規分布

1）変換と標準正規分布表での面積の計算

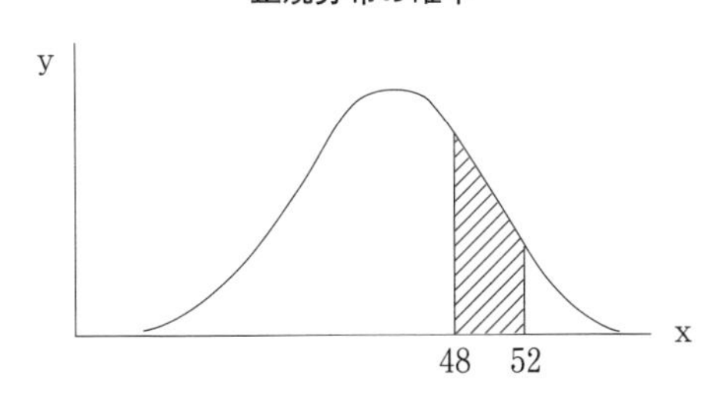

颯太

　3 人の理解を確認して解説をはじめる，颯太。

颯太「（改めて）さて，ここで問題。ここに描かれている正規分布で48と52の間に挟まれている割合はどのくらいでしょう？」

颯太「なお，この正規分布は平均値が44，分散が16であるとする」

驚き目を丸くしたままホワイトボードを見つめる，女子たち，菜摘。

ナレーション「正規分布の48－52部分の面積について，まず積分で求める方法がある。しかし，颯太が教えたかった方法はもっと簡易な方法だった。これから颯太の説明がはじまる」

ホワイトボードに描かれたグラフを見つつ思考を巡らす，琴音。

描かれたグラフと手元のメモ帳に交互に目を遣り考える，菜摘。

ホワイトボードを見る目が完全に泳いでしまっている，絢芽，ハンナ，美咲。

颯太「この部分の面積。次の方法を使えば簡単に求められる」

メモ帳を置きペンを持って構える，菜摘。

颯太「この平均値44，分散16の正規分布を平均値０，分散１の正規分布に変換しちゃうんだ」

菜摘「（思わず）え，そんなことできるの？」

突拍子もない颯太の言葉に騒然とする，女子たち，菜摘。

颯太「まず，今回は数式の記号から説明する。正規分布の平均値をμの記号で，分散をσ^2の記号で表そう」

「平均値$\mu=44$，分散$\sigma^2=16$」とメモに付け足す，菜摘。

颯太「その上で

$$z=(X-\mu)/\sigma$$

という数式のｚの値を求める必要がある。Xは正規分布の横軸の値。つまり，X＝48の場合とX＝52の場合を考えて欲しい」

絢芽「ｚ？また新しい記号がでてきました」

颯太「そうだね。$z=(X-\mu)/\sigma$数式のXに48を代入した場合のｚならば『X＝48に対応したｚ』。Xに52を代入して求めたｚならば『X＝52に対応した

　　z』と数値を変える」

絢芽「なるほど。zは対応するXによって数値を変えるから変数なんですね」

　　　ホワイトボードで新たに登場した数式を記載する，颯太。

> 平均値＝μ＝44
>
> 分散＝σ^2＝16
>
> $z=(X-\mu)/\sigma$

颯太「X＝48，X＝52に対応する変数zをそれぞれ求めて欲しい」

菜摘「できたわ！」

　　　素早く計算を終えた菜摘に全員が視線を注ぐ。

菜摘

菜摘「$z=(X-\mu)/\sigma$の数式に

　　　$\mu=44$

　　　$\sigma^2=16$　　　$\sigma=\sqrt{16}=4$

　　を代入すると，

　　　$z=(X-44)/4$

　　になるわ。

　　　X＝48とX＝52だから，

　　　$z=(48-44)/4=1$

　　　$z=(52-44)/4=2$

　　つまり，zは1と2になるわ」

ハンナ

ハンナ「さすが菜摘さんです」

　　　拍手が野原に響き渡る。

菜摘「（照れながら）へへ，ありがと。$z=(X-\mu)/\sigma$なんて数式を見たとき
　　は複雑に思ったわ。だけど，σ^2が分散なら平方根のσは標準偏差ってこ
　　とに気付いて。そしたら不思議と簡単に見えてきたの。μが平均値なんだ

から，

z＝(各値－平均値)/標準偏差

なんだわって」

自分で計算した数式のメモを広げて見せる，菜摘。

野原には再び拍手が響きわたる。

菜摘「(少し間をとって）ところで，zは求まったけど，これをどうするのかしら？」

颯太「そう，ここからが本題。このzを使えばあらゆる正規分布を平均値が0，分散が1の正規分布に変換できるんだ」

颯太の説明にやや戸惑いを見せる，菜摘，女子たち。

颯太「なお，平均値が0で分散が1の正規分布のことを“標準正規分布”と呼ぶ。ここで覚えてしまって欲しい」

菜摘「標準正規分布，聞いたことあるわ。そういう意味だったのね」

琴音「とても勉強になります。でも，なぜ標準ではない正規分布（平均値＝44，分散＝16）を標準正規分布（平均値＝0，分散＝1）にするのでしょうか？」

颯太「そうだったね。このzの数値をXに代替させて，標準正規分布（平均値＝0，分散＝1）を活用して，もとの正規分布の（Xの値が挟まれる）面積を求めるんだ」

さらっと簡単なことのように言い放つ，颯太。

戸惑いが本格的な困惑に代わる，菜摘，女子たち。

菜摘「zの数値をXに代替させるって，どういうこと？」

颯太「そう。標準ではない正規分布（平均値＝44，分散＝16）ではXは48と52だった。これらに対応したzはいくつだったかな？」

菜摘「X＝48に対応したzは1でX＝52に対応したzは2になったわ」

颯太「なら，この正規分布のXの値をそのzに置き換える。48の数値を1にして，52の数値を2にすれば完成だよ」

困惑の表情を続けている，菜摘，女子たち。

颯太「これは正規分布のグラフにして話した方が説明が早いね」

　　　ホワイトボードに標準正規分布のグラフを描く，颯太。

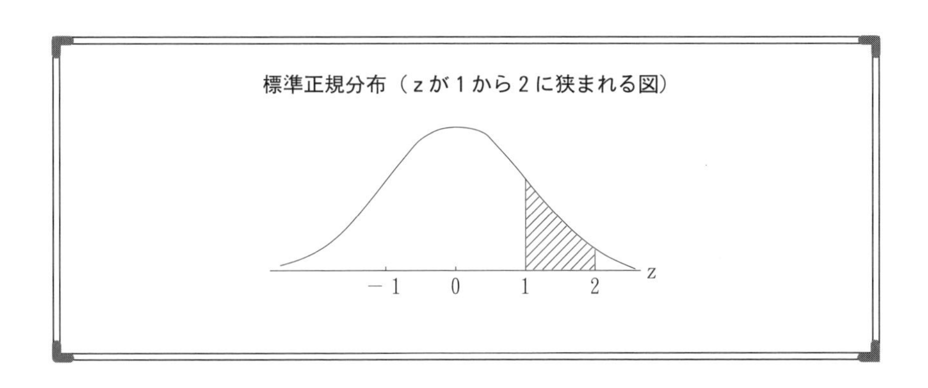

颯太「標準でない正規分布のグラフから面積を求めるのは非常に難しい。でも，
　　これが標準正規分布だったならば，そうでもない」

絢芽「(困惑して) 言っている意味がよく分かりません。面積を求めるにあた
　　り形状が複雑なのは正規分布も標準正規分布も同じです」

颯太「(いたずらっぽく笑って) それが簡単に面積を求める方法があるんだ」

琴音「(素早く反応して) 簡単に？ですか」

　　　ポケットに手を入れ小さく折りたたまれた紙を取り出す，颯太。

ナレーション「颯太が広げようとしている紙は，どうやら表のようである。颯
　　太がこれから何を取り出すのか，一同はその一部始終を見守る」

　　　折りたたまれた紙を丁寧に広げて菜摘と女子たちに見せる，颯太。

颯太「(得意そうに) この表のことを“標準正規分布表”と呼ぶ。この表を使え
　　ば標準正規分布の内側面積なんて簡単に求まるから」

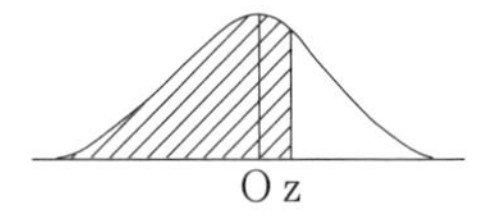

標準正規分布表

z	.00	.01	.02	.03	.04	.05	.06	.07	.08	.09
.0	.5000	.5040	.5080	.5120	.5160	.5199	.5239	.5279	.5319	.5359
.1	.5398	.5438	.5478	.5517	.5557	.5596	.5636	.5675	.5714	.5753
.2	.5793	.5832	.5871	.5910	.5948	.5987	.6026	.6064	.6103	.6141
.3	.6179	.6217	.6255	.6293	.6331	.6368	.6406	.6443	.6480	.6517
.4	.6554	.6591	.6628	.6664	.6700	.6736	.6772	.6808	.6844	.6879
.5	.6915	.6950	.6985	.7019	.7054	.7088	.7123	.7157	.7190	.7224
.6	.7257	.7291	.7324	.7357	.7389	.7422	.7454	.7486	.7517	.7549
.7	.7580	.7611	.7642	.7673	.7703	.7734	.7764	.7794	.7823	.7852
.8	.7881	.7910	.7939	.7967	.7995	.8023	.8051	.8078	.8106	.8133
.9	.8159	.8186	.8212	.8238	.8264	.8289	.8315	.8340	.8365	.8389
1.0	.8413	.8438	.8461	.8485	.8508	.8531	.8554	.8577	.8599	.8621
1.1	.8643	.8665	.8686	.8708	.8729	.8749	.8770	.8790	.8810	.8830
1.2	.8849	.8869	.8888	.8907	.8925	.8844	.8962	.8980	.8997	.9015
1.3	.9032	.9049	.9066	.9082	.9099	.9115	.9131	.9147	.9162	.9177
1.4	.9192	.9207	.9222	.9236	.9251	.9265	.9279	.9292	.9306	.9319
1.5	.9332	.9345	.9357	.9370	.9382	.9394	.9406	.9418	.9429	.9441
1.6	.9452	.9463	.9474	.9484	.9495	.9505	.9515	.9525	.9535	.9545
1.7	.9554	.9564	.9573	.9582	.9591	.9599	.9608	.9616	.9625	.9633
1.8	.9641	.9649	.9656	.9664	.9671	.9678	.9686	.9693	.9699	.9706
1.9	.9713	.9719	.9726	.9732	.9738	.9744	.9750	.9756	.9761	.9767
2.0	.9772	.9778	.9783	.9788	.9793	.9798	.9803	.9808	.9812	.9817
2.1	.9821	.9826	.9830	.9834	.9838	.9842	.9846	.9850	.9854	.9857
2.2	.9861	.9864	.9868	.9871	.9875	.9878	.9881	.9884	.9887	.9890
2.3	.9893	.9896	.9898	.9901	.9904	.9906	.9909	.9911	.9913	.9916
2.4	.9918	.9920	.9922	.9925	.9927	.9929	.9931	.9932	.9934	.9936
2.5	.9938	.9940	.9941	.9943	.9945	.9946	.9948	.9949	.9951	.9952
2.6	.9953	.9355	.9956	.9957	.9959	.9960	.9961	.9962	.9963	.9964
2.7	.9965	.9966	.9967	.9968	.9969	.9970	.9971	.9972	.9973	.9974
2.8	.9974	.9975	.9976	.9977	.9977	.9978	.9979	.9979	.9980	.9981
2.9	.9981	.9982	.9982	.9983	.9984	.9984	.9985	.9985	.9986	.9986
3.0	.9987	.9987	.9987	.9988	.9988	.9989	.9989	.9989	.9990	.9990
3.1	.9990	.9991	.9991	.9991	.9992	.9992	.9992	.9992	.9993	.9993
3.2	.9993	.9993	.9994	.9994	.9994	.9994	.9994	.9995	.9995	.9995
3.3	.9995	.9995	.9995	.9996	.9996	.9996	.9996	.9996	.9996	.9997
3.4	.9997	.9997	.9997	.9997	.9997	.9997	.9997	.9997	.9997	.9998
3.5	.9998	.9998	.9998	.9998	.9998	.9998	.9998	.9998	.9998	.9998

　困惑が重なり反応すらできずに固まる，菜摘，女子たち。

　そんな菜摘，女子たちの様子をよそに解説をはじめる，颯太。

颯太「標準正規分布表を見れば，標準正規分布グラフの一番左からｚの値までの山の内側面積が分かる。具体的には山の内側面積の合計を1（100%）としたときの割合がわかるんだ」

　困惑の表情をゆっくりと緩める，菜摘，琴音。

颯太「Ｘ＝48に対応するｚは1って求めたね。この１は1.00。標準正規分布表を使って標準正規分布グラフの一番左からｚの値（1.00）までの割合を求めてみる」

　標準正規分布表を見せながらホワイトボードで解説する，颯太。

ｚ＝1.00

（一番左の列から「1.0」の行をマーク）

（一番上の行から「.00」の列をマーク）

（行，列と交わる「0.8413」をマーク）

颯太「ｚ＝１の１を1.00と考え，『1.0』と『.00』に分解する。今回はたまたま1.00だけど，もしｚ＝1.12とかだったら，『1.1』と『.02』のように分解するんだよ」

颯太「まず，一番左にある列から『1.0』を探す。次に，一番上に並んでいる行から『.00』を探す。そして，両方が交差する数値を見つける。今回，『0.8413』になる」

菜摘「もしかして，標準正規分布表の一番左から１までの山の内側面積が0.8413ってことかしら？」

　ホワイトボードに駆け寄りグラフを描く，菜摘。

標準正規分布表
ｚ＝１　の山の内側に斜線
面積割合0.8413と記載

颯太「そのとおり。さすが菜摘だね」
ナレーション「菜摘が理解したのと同じころに理解した琴音。ほかの女子たちも徐々に解説を理解しはじめる」
颯太「ここまで理解できたなら，もう解けるんじゃないかな。標準正規分布の１から２の間に含まれる面積割合を求められれば，標準でない正規分布のX＝48からX＝52の間に含まれる面積割合を求めるのは同じことだよ」
菜摘「そうね。次の２の場合は私にやらせて」
　　標準正規分布表に書かれた数値を目で追う，菜摘。
菜摘「ｚ＝2.00だから「2.0」と「.00」に分解される。縦列と横列で交差する数値は「0.9772」。つまり，標準正規分布の左端から２までの内側面積は0.9772ね」
颯太「そう。その通り！」
美咲「ここからなら私もできます。標準正規分布で１と２の間に挟まれた面積を求めるには，２までの面積から１までの面積を引けばいい。
　0.9772－0.8413＝0.1359
つまり，割合としては13.59％ということですね」
颯太「そう。正解だよ！」
美咲「つまり，標準でない正規分布（(平均値＝44，分散＝16）のX＝48からX＝52に挟まれた面積割合は13.59％です！）
颯太「そう。大正解！ｚの数値を求めて正規分布を標準正規分布に変換したり，標準正規分布表を使って内側面積を求めたり，長い道のりだったね」

絢芽「本当ですよ。まさか面積を標準正規分表の一覧から求めるとは思いもしませんでした。てっきり，私たちが計算するものと」

颯太「そうだね。実際に正規分布から計算で求める方法もあるけれど，まず標準正規分布に変換して，標準正規分布表から求める方がずっと簡単なんだ」

２）標準正規分布－95％の範囲－

○琴音の部屋（夜）

和気あいあいとするなか一人考え込む，絢芽。

絢芽「ねぇ。今の計算を逆に行うことってできないかな？」

ハンナ「逆？どういう意味」

絢芽「例えば山の内側面積の95％が含まれたときの z の数値はどうなるのかなーって」

絢芽の質問に沈黙する，ハンナ，美咲，琴音。

琴音「私も今，同じことを考えていたの。統計学の標準正規分布で言う95％とは特別な意味を持つらしいの」

読んでいた本のページを開いて見せる，琴音。

ルーズリーフに標準正規分布を描きみんなに見せる，琴音。

琴音「標準正規分布の斜線の面積がちょうど95％（0.95）になる z_1 と z_2 の数値を求めることが重要らしいわ」

ハンナ「今度は面積のほうが分かっていて，そのときの z の値を求めるってわけね」

ハンナ

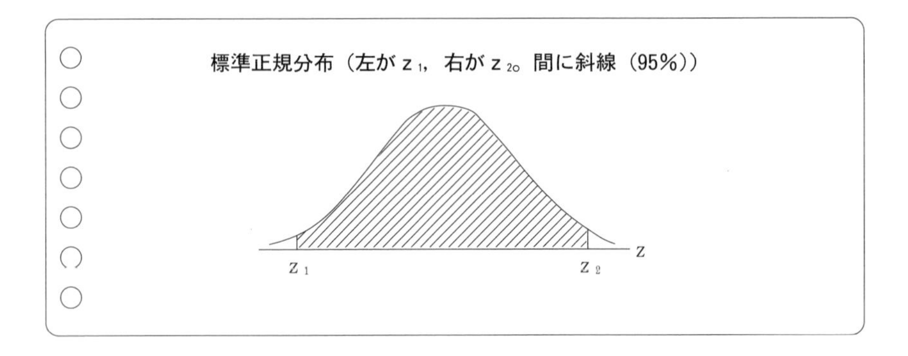

美咲「え。この z_1 と z_2 を求めることが重要なの？」

琴音「そうらしいの」

ハンナ「わかったわ。詳しいことは後日として，z_1 と z_2 を求めることに集中する」

絢芽「さっきの考え方の応用にも見えるわ」

　　真剣に考える，絢芽，ハンナ，美咲。

琴音「私は勉強を進めるわ」

　　統計学の本を読み進める，琴音。

　　しばらく時間が流れる。

絢芽「標準正規分布表の中に書かれた『0.95』の数値から，縦と横の数値に辿り着けばいいんじゃないかしら」

ハンナ「でも，それだと z_2 しか求まらないことになるわ。z_1 と z_2 の両方を求める必要があるわ」

美咲「琴音は分かっているのでしょ？ヒントはないの？」

琴音「（３人の方を向いて）そうね…。標準正規分布表は左右対称よ。そのことを考えれば気が付くと思うわ」

絢芽「（閃いたように）もしかして！z_1 と z_2 の内側の斜線部分が95%ということは，z_1 と z_2 の外側の部分には2.5%ずつ残るわ。そっちに注目したらできそうよ」

絢芽の言葉にハッとする，ハンナ，美咲。

ハンナ「わかったわ！できたわ。z_2の外側の部分には2.5%が残るから100%−2.5%＝97.5%，つまり，0.975に対応するz_2の数値を求めるの！」

美咲「おぉ！その通りだね！」

喜びはしゃぐ，絢芽，ハンナ，美咲。

琴音「さすがね」

読書を中断し3人の頑張りをたたえる，琴音。

琴音「求める面積が95%（0.95）なんて言われてしまうと，ついその数値だけを考えてしまいがちだわ。でも，ここで大事なのは，逆に“求めない面積は5%”ということに気付くことなの。標準正規分布は左右対称だから，左端に2.5%（0.025），右端に2.5%（0.025）残る。0.975（1−0.025＝0.975）に対応したz_2を求めることが正解への道だったの」

ナレーション「普段は人見知りの琴音であるが，見知ったメンバーの前では惜しみなく知識を披露する」

絢芽「（注意深く標準正規分布表を目で追いながら）あったわ。縦軸『1.9』，横軸『.06』だからz_2の数値は1.96になるわ」

絢芽「（自信なさげに）次にz_1の数値も調べたいのだけれど，z_1とz_2は左右対称なのだから，z_1はマイナスの符号をつけた−1.96でどうかしら」

自信なさげに琴音の方を見る，絢芽。

沈黙しながら琴音の回答を待つ，絢芽，ハンナ，美咲。

琴音「（少し溜めて）正解よ！さっすが，みんな」

琴音の言葉に歓喜の声を上げる，絢芽，ハンナ，美咲。

一緒になって喜ぶ，琴音。

琴音「実は私も勉強したばかりなの。でも，みんなwhile解けると思っていたわ」

絢芽「（笑いながら）もー。琴音って全然ヒントくれないんだもん」

再び本のページを開きみんなに見せる，琴音。

琴音「今回，z_1とz_2の値がそれぞれ『−1.96』と『1.96』と求められたのだけれど，このz_1とz_2の間のことを範囲と表現するらしいの。

斜線の中が95%になるｚの範囲は

$$-1.96 \leq z \leq 1.96$$

のように表現するそうよ」

琴音の話が終わるや否や床に倒れ込む，ハンナ。

ハンナ「私，眠くてもうだめ…」

絢芽「そうね。今日は朝から颯太さんの話を聞いて，それから現場で作業して，今また勉強して…。もう私もふらふらです」

琴音の部屋を出る，絢芽，ハンナ，美咲。

３人が出ていくのを見送り，本を読み始める，琴音。

４．正規分布の応用例 －標本平均値の分布－

１）標本平均値の分布

○和夫と颯太の家の中（昼）

遅く起きてパジャマ着のまま机でデータの計算をしている，颯太。

颯太・（心の声）「１回目の100本の平均は21m。2回目の100本の平均は18m。３回目の平均は・・・」

昨日の調査結果をルーズリーフに一覧表でまとめている，颯太。

ナレーション「颯太は何回か和夫の山の木の100本ずつを調べて高さの平均値をとっていた。その調査結果をまとめ終えた頃，時刻は再び翌日を指していた。つまり，颯太は徹夜でデータの集計作業を行っていた。普段は働かずグータラしている颯太だが，同時に呆れるまでの集中力を有している」

	100本の木の平均の高さ
第１回目	21m
第２回目	18m
第３回目	22m
第４回目	23m
⋮	⋮

○和夫と颯太の家の前（午後）

ナレーション「颯太はお昼頃に目を覚ます。言い訳を必死に考える。程なくして午前中の仕事を終えた女子たちが戻ってくる」

颯太「（笑顔で）やぁ」

琴音「おはようございます」

ナレーション「また，少しして菜摘が到着する」

琴音

菜摘「あら，おはよう」

颯太「はい。みんなにこれ」

調査結果をまとめた一覧表を全員に配布する，颯太。

一覧表に敷き詰められた数字を見て無言の感心を示す，和夫，女子たち，菜摘。

颯太「ここに記載した“標本平均値”という言葉に注目してほしい。統計では標本平均値の持つ性質が様々な問題を解決してくれる」

絢芽「（困惑の表情で）標本平均値が様々な問題を解決？標本？」

颯太「標本というのはサンプルのことさ。サンプル１（１回目の100本），サンプル２（２回目の100本），・・・ととったサンプルのそれぞれの平均が標本平均値さ」

絢芽「なるほどね」

颯太「実はその“標本平均値”は，ある値を中心に分布することになるんだ」

菜摘・（心の声）「平均値をたくさん集めて，その分布を考えるってことかしら」

颯太「例えば，今回のように標本100本を１回とする調査を何回かやったんだ。調査ごとに標本平均値が求まる。これら標本平均値に分布があるということなんだよ。分布があるということは平均値や分散も絶対に存在するはずだよね。この特性を利用するんだ」

颯太の話し終わるタイミングで手を上げる，ハンナ。

ハンナ「この一覧表は何なんですか？」

颯太「（ハッとして）ごめん，ごめん」

ナレーション「この一覧表が，颯太が１回の調査で100本の木の高さを測り，その平均を出す作業を何回も何回も繰り返した結果であると説明する」

美咲「これ，颯太さんが調査したんですか？」

颯太「うん。一昨日」

少し誇らしく笑う，和夫。

颯太「これら標本平均値を見て何か気付いたことはないかな？」

菜摘「21，18，22，23・・・。どれも割と近い数値になるのね。分布しているみたい」

颯太「そうなんだ，先ほど言ったように，まさに標本平均値は分布をしているんだ。“中心極限定理”と呼ぶ定理に従うと，標本平均値は正規分布をするんだ。そして平均値はμ，分散はσ^2/nとなるんだ」（巻末付録参照）

ルーズリーフをめくり書かれた文字を見る，和夫，女子たち，菜摘。

標本平均値の分布と平均値と分散

母集団（全体）の分布の平均値がμ，分散がσ^2の場合，大きさｎの標本平均値は，平均値はμ，分散はσ^2/nに正規分布に従う。

ルーズリーフの数式を眺め，めいめい納得の面持ちになる，和夫，女子たち，菜摘。

颯太「標本平均値の分布が平均値はμ，分散はσ^2/nの正規分布をするということが分かったね。さて，正規分布を標準正規分布にする方法は覚えているかな？」

ハンナ「バッチリです。何回も復習しましたから。標準正規分布に変換する式をzで表すと，

z＝(各値－平均値)/標準偏差

になりました」

颯太「完璧。よく復習したね」

ハンナ「この数式に平均値μと分散σ^2/nを代入してみますね。標準偏差は分散の平方根ですから，σ^2/nの平方根は$\sigma/\sqrt{n}$です。今回の場合，１回目の調査で測った平均値21mのような標本平均値を$\overline{X}$としているから，データの一つ一つが$\overline{X}$です。つまり，

$$z=\frac{\overline{X}-\mu}{\frac{\sigma}{\sqrt{n}}}$$

になります」

颯太「そう。その通り。分母が分散の標準偏差（σ^2/nの平方根）になるところも，しっかり注意できていたね」

得意の表情を浮かべる，ハンナ。

ハンナ

２）平均値の区間推定

颯太「じゃあ。いよいよ本格的に統計を活用していくよ」

美咲「待ってました！」

絢芽「待ちすぎました！」

ノートを広げペンを握りしめる，菜摘。

　　じぃーっとホワイトボードを見つめる，琴音。

　　理解が追い付かず辺りを見渡しては虚空を見つめる，和夫。

和夫・（心の声）「説明が難しいのぉ。わしは森に生えている木の高さがどれくらいなのかを知りたいだけじゃというのに。わしは仕事があるんじゃ。あまり長居はできんわい」

　　一人，立ち上がる，和夫。

和夫「すまんの。わしは仕事があるんでの。颯太，しっかり分かりやすくみんなに教えるんじゃぞ！そして，しっかりわしの依頼した内容に応えるんじゃぞ！」

　　足早に席を立ち退く，和夫。

菜摘「あ，和夫おじさん」

　　菜摘の声に留まることなくスタスタと森へ駆けていく，和夫。

颯太「では，ここからは標本平均値の“区間推定”について説明する。全体（母集団）の分散σ^2がわかっているときに，95%の確率で全体（母集団）の平均値μのとりうる範囲を推定することができるんだ」

菜摘「（少し考えて）えっと。ごめん。もっと分かりやすい表現はないかな」

ハンナ「そうです，そうです。もっと端的に教えてください」

颯太「要するにだね。標本から全体の平均値が含まれている範囲を推測できるんだ」

菜摘「それって，標本から本来の平均値を推定できるってこと？」

ハンナ「まだちょっと良く分からないです。どういうことなんですか？」

菜摘「例えば，森には数えきれないほどの木が生えている。でも，そのうちの数本の木の高さを標本として調査すれば，森（全体）の木の高さの平均値が分かっちゃうってことよ」

颯太「そうだね。正確には平均値が分かっちゃうのではなく，全体の平均値のありそうな範囲を推定できるんだ」

絢芽「それって，颯太さんが作った一覧表のように何回も何回も調査するってこととは違うんですか？一回目の平均値が21メートル，二回目の平均値が

18メートル・・・のように何回も調査すれば，森（全体）の平均値は凡そ何メートルから何メートルの範囲と予想はつきます」

訝しそうな目で颯太を見る，絢芽。

颯太「良いところに気付いたね。そうだね“森（全体）の平均値は凡そ何メートルから何メートルの範囲”というのを予想する。けれど，何回も調べる必要はなく，たった1回の調査でいいんだ」

絢芽「え。たった1回だけでいいんですか？」

颯太「そう。たった1回だけ。その標本を分析することで，全体の95%は“何メートルから何メートルの範囲に収まる”ということを推定することができるんだ」

琴音「(驚いた様子で）すごいです。たった1回しか調査しないのに…。さらに，一定の範囲に収まる確率まで…」

颯太「ピッタリと『全体の平均値は何メートル』までは推定できないけど『全体の95%は何メートルから何メートルの高さ』とは推定できる」

菜摘「すごい。まるで魔法みたいね。全ての木の高さを測った訳でもないのに」

颯太「では，その方法について説明するね。ちょっと難しいかもしれないけど，標準正規分布で95%の範囲って言ったらz_1とz_2がいくつになるか分かるかな？」

颯太の質問に考え込む，絢芽，ハンナ，美咲，菜摘。

美咲「あ！この質問」

ハンナ「あぁ。なるほど！」

琴音「そうですね。これは以前，みんなが私の部屋に来て一緒に解いた質問と同じです」

絢芽「(過去のノートを見返して）分かりました。z_1の値は-1.96でz_2の値は1.96です」

颯太「さすが絢芽。じゃあ，標本平均値のzを求める公式をもう一回言って欲しい」

ハンナ「$z = \dfrac{\overline{X} - \mu}{\frac{\sigma}{\sqrt{n}}}$ です」

颯太「そうだね。このzの式を『$-1.96 \leq z \leq 1.96$』だけれど1.96はほぼ2だから，『$-2 \leq z \leq 2$』としよう。これに代入するとどうなるかな？」

絢芽「$-2 \leq \dfrac{\overline{X} - \mu}{\frac{\sigma}{\sqrt{n}}} \leq 2$ になります」

絢芽

ハンナ「でもその計算をするとき，全体の分散が分かっていたら苦労しないですよ！」

美咲「分散を求めるには木の１本１本を測って，それからじゃないですか」

菜摘「待って，みんな。颯太ならきっと何か方法を知っていると思うの」

琴音「そうですね。私も菜摘さんと同じ意見です。こんな無駄話を聞くために私たちは仕事の時間を浪費させた訳ではないと信じたいです」

颯太を信じつつも辛辣な言葉を浴びせる，琴音。

不信感を浴びている颯太を心配そうに見守る，菜摘。

颯太「（少し間をおいて）分散が分からない場合に，分散を推定する方法はある。でも，なるべくなら正確な分散を使った方が良いとは思わないかな？」

美咲「（不思議そうに）正確な分散だけが手に入るのですか？」

颯太「例えばだけど，行政機関が大々的に調査したことがあって，分散が求められている場合。あるいは，近隣の人が木々の高さを調査して回って，分散が求まっている場合」

美咲「それは確かにそうですけど…」

颯太「まあ，限りなくないって言いたいんだろうね。ルーズリーフのページをまたさらにめくってみて欲しい」

研究結果の分散

$\sigma^2 = 1225.40$

美咲「何ですか？この分散って」
颯太「実は，ここらの森は以前に行政の研究所が大規模調査に訪れたことがあってね。平均値やら分散やらを調査したことがあったんだ。その数値が残っていたんだよ」
絢芽「へぇ。ここらの森に研究視察が…」
ハンナ「なるほど。それで分散があるんですね」
菜摘「分かったわ。その分散 $\sigma^2 = 1225.40$ を使って μ を求めればいいのね！」
琴音「（少し考えて）待ってください。私はその分散に疑問を持ちました。いくら研究所でも，森に生えている全ての木の高さを測ったとは考えられません。もし仮にそうでも，昔のデータなので，今現在の分散とは違っているはずです」
颯太「例えば試験の点数を思い浮かべて欲しい。試験の平均点はその都度大きく変わることはあっても，バラツキはあまり変わらない。国語のバラツキは小さい，数学のバラツキは大きいのように，バラツキの大きさには傾向のようなものがあるんだ」
琴音「なるほど，納得しました。林業の場合，木の種類なんかも関係するので単純にはいかないと思います。ですが，年月が経過したからというだけでは，バラツキに大きな変化は見られないと思います」
颯太「この“区間推定”も，あくまで推定だからね。本来なら完全に一致するのが好ましいけど，そうとは限らない。正確な情報を使いたいという考えはとても大事だけれど，今あるデータをいかに有効活用するかもまた重要なことなんだ」

颯太の言葉に黙って頷く，琴音。

琴音「その通りだと思います」

菜摘「私も理解したわ。分散を1225.40と仮定して，今回の“区間推定”に用いると言ったところかしら」

風に煽られて菜摘のノートが捲れ，今回の要点が露わになる。

[95%区間推定の方法]

（95%の確率で全体（母集団）の平均値μのとりうる範囲を推定する方法）

標準正規分布0.95（95%）のzがとる範囲（$z_1=-2$　$z_2=2$）

$$-2 \leq z \leq 2$$

$$z=\frac{\overline{X}-\mu}{\frac{\sigma}{\sqrt{n}}}$$

$$-2 \leq \frac{\overline{X}-\mu}{\frac{\sigma}{\sqrt{n}}} \leq 2$$

全体の平均値＝μ

標本平均値＝$\overline{X}$

サンプルサイズ＝n

全体の分散＝σ^2/n（全体の標準偏差値＝$\sigma/\sqrt{n}$）

菜摘「そうだ。どうせだったらみんなで今から木の高さを測って回らない？」

提案してすぐに颯太の顔を見る，菜摘。

面倒くさそうに一瞬目を反らす，颯太。

琴音「どれくらいの標本の大きさが適当でしょうか？」

颯太「少なくても150本は欲しいな」

琴音「分かりました」

素早くヘルメットを被り準備を整える，女子たち。

琴音「では，行ってまいります」

　　素早く森に入っていく，女子たち。

ナレーション「しかし，30分以上たっても女子たちは森から戻ってこない」

颯太「遅いなぁ。ちょっと見に行ってくる」

○和夫の森の中（夕方）

　　言い争いをしている，絢芽，ハンナ。

絢芽「あれは27メートル以上はあります！」

ハンナ「いーえ。26メートルがいいところです！」

ナレーション「言い争いの現場へ駆けつける颯太，菜摘」

菜摘「どうしたの？」

美咲「いやぁ。いつもの言い争いです。あの木の高さがどのくらいかで絢芽とハンナが意見を曲げないんです」

菜摘「なるほどねー。颯太，分かる？」

　　呆れ顔で争いの元凶である木を指さす，菜摘。

颯太

颯太「29メートルだね」

　　驚いた顔をする，女子たち。

絢芽「颯太さん，木の高さが分かるんですか？」

颯太「まぁ，これくらいはね。小さい頃はよく親父と森を歩いたから」

　　琴音の手にしているメモを覗き込む，颯太。

颯太「どの木を測ったのか分からないけど，全体的に低く評価されている気がする。今から言うからメモしていってね」

琴音「は，はい」

颯太「20，28，19，22，25…」

絢芽・（心の声）「…。早いわ」

ハンナ・（心の声）「私たちたった1本を測るのにあんなに時間がかかっていたのに…」

　　落ち込む，絢芽，ハンナ。

ナレーション「この日以来，絢芽とハンナは不毛な口論を止めた」

颯太「(木々を見渡して) 標本平均値は26メートル，妥当じゃないかな」
菜摘「じゃあ。この標本を使って計算するわね」
　　　一斉に計算を始める，女子たち，菜摘。

$$-2 \leq \frac{\overline{X}-\mu}{\frac{\sigma}{\sqrt{n}}} \leq 2$$

サンプルサイズ	n	150本
標本平均値	$\overline{X}$	26メートル
全体（母集団）の分散	σ^2	1225.40

数式をμについて解くと，

$$26-2\times\left(\frac{\sqrt{1225.40}}{\sqrt{150}}\right) \leq \mu \leq 26+2\times\left(\frac{\sqrt{1225.40}}{\sqrt{150}}\right)$$

よって，

$$20.2 \leq \mu \leq 31.7$$

菜摘「できたわ！！」
ハンナ「私もできました。答えは$20.2 \leq \mu \leq 31.7$ね！」
颯太「うん，そうだね。つまり，ここらの森に生えている木を150本選んでの高さの平均をとると，全体の平均値が95％の確率で20.2メートルから31.7メートルの範囲に収まることになる」
美咲「凄いです。魔法みたいでした」
颯太「(嬉しそうに) そう言ってもらえると嬉しいよ」
琴音「私も凄いと思います。これだけの少ない情報から，ここまで求められてしまうんですから」

５．ｔ分布－平均値の区間推定（全体の分散がわかっていない場合）－

ナレーション「林業に携わる者は概してシカが嫌いである。一般の人が聞いたら『なんで？あんなに可愛いのに…』と思うかもしれない。しかし，そのことを林業家に話すと，顔をしかめられてしまうかもしれない。ある人は言う。『シカは俺らが大事に育てた木の皮を食べやがる。いや，それだけじゃない。頭に生えた角を木に擦りつけて砥ぎやがる』『都会の人には分からんかもしれんが，わしらは１本１本の木を大事に育てておる。それらを平気で枯らすシカを好きになることは，どうしてもできんよ』と。

また，林業に携わる者は同様にネズミやイノシシも苦手である。さらに，クマなどはもってのほかだ。またある人は言う『ネズミ？そいつも害獣に違いねぇ』『都会のネズミと違って小さくて可愛い？馬鹿言うな。奴らは木の根元をかじりやがる。俺らが大切に育ててきた木を枯らすんだ』『シカは木を柵で囲うことで被害を防げるかもしれねえが，ネズミは柵じゃ防げねえ。ある意味，シカよりも困った動物かもしれん』『イノシシもシカと同じじゃ。いや，人に向かって突進された日にゃおっかなくて…』『クマだー！？あんなのは林業家の敵だ。命に関わる』と。

シカにネズミ，イノシシにクマ，生物多様性の観点からとても重要な生き物である。しかし，森で働く人にとっては迷惑な生き物に違いない。今回は，ネズミ被害に焦点を当てた物語である。『ネズミが１本あたりの木をかじる面積の範囲』について統計学的に分析する。この面積を科学的に分析しておけば，被害の面積を見ただけで，ネズミによる被害かそうでないかを予測することができるようになる」

○進と菜摘の家（夕方）

　　　机に座って夕食をとっている，進，菜摘。

　　　菜摘に相談を持ち掛ける，進。

　進「役場がネズミ被害に対して補助をしてくれるそうなんじゃよ」

菜摘「よかったじゃない。ネズミには困らされているもの。助かるじゃない」

　進「そうじゃな。ネズミが嫌がる薬を撒いてくれるそうなんじゃ。それを森の木々に撒けば，ネズミも木をかじれなくなるってわけじゃ」

菜摘「ネズミの忌避剤ってわけね」

　　　不安そうに顔を歪める菜摘を見て話を続ける，進。

　進「大丈夫じゃ。水環境の問題にも配慮しておる。役場も考えておるよ」

菜摘「そ，そうよね。薬で水が汚されるのも困るけど，ネズミ被害をどうにかしないとっていうのも分かるわ」

　進「実はなんじゃが。問題があるんじゃ」

　　　机に置かれた「役場への補助申請書類」を手繰り寄せて菜摘に見せる，進。

　進「どうやら，この2点を調査し明確にすることが補助の条件らしいんじゃ」

［役場への補助申請書類］

（調査内容）

1．森の一部分（50メートル×50メートルの区画）に被害を受けた木が何本あるか。

2．森全体で見て木1本あたりの被害面積（かじられた面積）はどれくらいか。

　進「この調査をして，申請書に記載しないと補助を受けられんのじゃ」

菜摘「（申請書を見ながら）50メートル×50メートルの区画を調査することは難

しくないわね。適当な区画を取り，被害を受けている木の本数を数えればいいわ」

進「問題は次じゃ。“森全体で見て木1本あたりの被害面積”なんて言われてもの」

菜摘「これって50メートル×50メートル区画の木で被害を受けた面積を平均したのじゃダメなのかしら？」

進「わざわざ“森全体で見て”と丁寧に書かれておる」

菜摘「そうよね。森全体なんて言われたら，森の全部の木を見て歩いて，さらに被害の面積まで測らなきゃいけない。時間がかかりすぎるわね」

進「そんなことしとったら申請期限に間に合わんのじゃ」

菜摘「可能な限り森の木々を調べて，その被害面積の平均を採るのはどうかしら」

進「あまり乗る気がせんのぉ。しかも，申請書の記載方法が特殊なんじゃ。役場の担当者が変わったとは聞いておったが，まさかこんなに違うとはの」

補助申請書類を読み返し，記載方法を確認する，菜摘。

［役場への補助申請書類］

（記載方法）

2．森全体で見て木1本あたりの被害面積（かじられた面積）はどれくらいか。

木1本あたり凡そ ________ ㎠から ________ ㎠の範囲

菜摘「あ！」

ナレーション「記載方法を見て思わず声を出してしまった菜摘。ちょうど先日颯太に教わったばかりの区間推定の考え方にそっくりだったのである」

菜摘「私，これちょっと颯太に見せてくる！」

進「待て，待て。一体，どうしたんじゃ」

進の言葉に留まらず，颯太の家へ駆け出す，菜摘。

菜摘

颯太

○和夫と颯太の家（夕方）

家の前に到着してベルを鳴らす，菜摘。

玄関から出てくる，颯太。

ナレーション「役所からの補助がある話。補助申請書類の記載方法が，区間推定に似ていることを颯太に話す，菜摘」

和夫「な，な，なんじゃってーーー」

家から勢いよく飛び出してくる，和夫。

ナレーション「この話に食らいついたのは颯太より先に和夫であった」

和夫「補助がある話，わしは知らんかったぞ。さっそくわしも申請じゃ」

興奮して家の中に戻り，少しして再び外に出てくる，和夫。

和夫「パソコンで確認したが，申請書類の記載方法が分からん」

菜摘「そう。そうなんです。それで，颯太に相談しようと思って」

手に持っている申請書類を黙って颯太に渡す，菜摘。

颯太「（申請書類を見ながら）どれが分からないの？」

菜摘「“森全体で見て木１本あたりの被害面積はどれくらいか”なんだけど，これが先日教えて貰った区間推定にそっくりなの。それで颯太なら何か分かるかなって」

申請書類に書かれた文字を流し読みする，颯太。

颯太「なるほどね。１本１本調べるのは不可能ってこと役場も分かっているはず。きっと，統計を使って調べるんじゃないかな」

和夫「颯太！ 今すぐわしに教えるんじゃ」

颯太「え，今から教えるの？ちょうど次に説明しようと思っていた内容なんだ。できたら林業の女子たちにも一緒に教えたいんだけど…」

和夫「あぁ，あの子らか。次のあの子らが来るのは１週間後じゃ。そうこうしておったら申請期限を過ぎてしまう」

菜摘「女子たちには私から教えておくわ。だから今すぐに教えて貰えないかな？」

ナレーション「突然に統計学の講義をせがまれる颯太」

颯太「分かった。今から準備するね。何か説明に使えそうなデータはある？」

菜摘「データ。ちょっと待ってて。もしかしたらお父さんが調査しているかもしれない」

　　颯太の家を走り飛び出す，菜摘。

　　ホワイトボードを室内に設置して準備を整える，颯太，和夫。

ナレーション「30分ほどして菜摘が戻ってくる」

菜摘「あったわ！やっぱりお父さんが調査してた。具体的な調査データは教えて貰えなかったけど，調査した標本の大きさ（サンプルサイズ），標本の平均値，標本の分散については聞いてきたわ」

ナレーション「菜摘の手にはメモが握られていた」

○	サンプルサイズ	26
○	標本の分散	25
○	標本の標準偏差値	5
○	標本の平均値	16㎠
○		

颯太

颯太「このデータがあれば説明を始められる」

菜摘「よかったわ。さっそくはじめて」

和夫「そうじゃ。これは補助申請がかかっとる。重大じゃぞ」

　　ノートを広げる，菜摘。

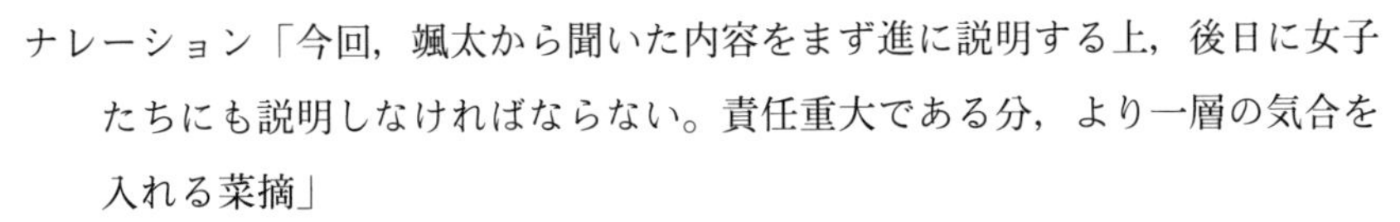
ナレーション「今回，颯太から聞いた内容をまず進に説明する上，後日に女子たちにも説明しなければならない。責任重大である分，より一層の気合を入れる菜摘」

颯太「今回も標本平均値の区間推定について説明する。これを使って前回は親父の森に生えている木の高さの範囲を求めた。ただ，今回は前回の分析のようにはいかない。どうしてか分かるかな？」

菜摘「(手を挙げて) はい。森全体（母集団）の分散がわからないから」

颯太「そう。前回はたまたま研究所が求めた森全体（母集団）の分散があった。でも，実際のところ森全体（母集団）の分散が分かっているなんてめったにない」

菜摘「そうよね。分からないと考えるのが自然だわ」

颯太「その場合，新しく“ｔ分布”という概念を使うことになる」

菜摘「ｔ分布？」

和夫「テー分布？また新しい言葉がでてきたわい」

颯太「母集団の分散（σ^2）が分からなくても，標本の分散（s^2）なら分かるよね。なんたって自分たちで調査した標本なんだから，そのまま分散を求めればいい。今回は標本の分散（s^2）しか分からない場合に区間推定を行う方法を説明する。つまり，標本から得られた標本平均値から，母集団全体の平均値がどの範囲にあるのかを推測する方法があるんだ」

菜摘「凄いわ。前も思ったけど，統計って本当に魔法みたい。前回よりさらに凄いわ」

颯太「(得意そうに) しかも，“ｔ分布”を使う時の標本は少なくて構わない」

和夫「標本が少ないっつうことは，あまり調査せんでも大丈夫ってことじゃな」

メモに目を落とし，サンプルサイズが26で足りていることを確認する，菜摘。

菜摘・（心の声）「良かったわ。たった26だったから，実は少し心配していたの」

和夫「そうじゃな。本来ならもっとサンプルサイズが必要に感じるところじゃ」

不思議そうに首をかしげる，和夫，菜摘。

颯太「それを可能にするのが“ｔ分布”を活用した区間推定なんだ。進おじさんが調査した本数は26本で，被害を受けている面積を平均したら16㎠だね。

大丈夫！区間推定で求められるよ」

颯太の頼もしい言葉に目を輝かせる，菜摘。

全体（母集団）の分散について

わかっている時：正規分布

わかっていない時：ｔ分布

颯太「標本の被害面積の平均は16㎠だったね。標本平均値（$\overline{X}$）は16になる」

標本平均値についてもホワイトボードに書く，颯太。

$\overline{X}$：標本平均値＝16

颯太「ここまででサンプルサイズ（n）が26。さらに標本平均値（$\overline{X}$）が16で標本の分散（s^2）が25と分かっているね」

菜摘・（心の声）「母集団の分散は記号σ^2なのに対して，標本の分散はs^2なのね」

颯太の説明を聞いていてσ^2とs^2の違いに気付き，メモに書き加える，菜摘。

颯太「分析に必要なデータは既に揃っている。これから区間推定を行うんだけど，信頼区間はどれくらいがいいかな？」

菜摘「信頼区間？」

颯太「ごめん，ごめん。“○○％の確率で○○～○○との範囲に収まる”って表現する場合の○○％にあたる数値のこと。前回は95％にしたから『95％信頼区間』なんて呼ばれたりする」

菜摘「なるほど。わかったわ」

颯太「申請書類の“木１本あたりの被害面積はどのくらいか”の質問に対して，“○○％の確率で○○㎠～○○㎠”のように回答できるんだけど，何％にする？」

和夫「(ぼーっとしながら) トーケーは本当に凄いのぉ。わしら林業に携わる人間はあまり細かいことは得意じゃなかったりするんじゃ。確率は自由に設定して欲しい」

菜摘「役場もここまで分析するなんて思っていないのかも。申請書にも“○○%の信頼区間で分析すること”なんて難しい指示はなかったわ」

颯太「そうかもね。なら，一般的な95%で考えよう」

“t分布”の数式をホワイトボードに書く，颯太。

n：サンプルサイズ

n-1：自由度

s^2：標本の分散　s^2/n：標本の分散

$\overline{X}$：標本平均値

μ：母平均

$$t = \frac{\overline{X} - \mu}{\frac{s}{\sqrt{n-1}}}$$

颯太「まず，この数式のtの値を求める」

菜摘「今回も母平均（μ）が最終的に求める数値になるのね」

和夫「この数式，以前のzを求める式に似ておるの」

菜摘「私も感じたわ。

$$z = \frac{\overline{X} - \mu}{\frac{\sigma}{\sqrt{n}}}$$

$$t = \frac{\overline{X} - \mu}{\frac{s}{\sqrt{n-1}}}$$

標準正規分布のzでは母分散σ^2/nで考えるけれど，ここでは標本の分散s^2を使うのね。あと，サンプルサイズnを使うか，自由度n－1を使うかの違い」

颯太「それに気付ければt値を求めることは難しくないよね。さすが菜摘」

ホワイトボードに自由度についての数式を書く，颯太。

颯太「そうそう。簡単にだけれど自由度について説明するね」

颯太

［自由度に関する解説］

［自由度］

標本の平均値の式は

$$\overline{X}=\frac{X_1+\cdots+X_n}{n}$$

である。$\overline{X}$の値が母集団の平均値に等しいものだとしよう。その場合，それ以外に$X_1, \cdots,$ X_{n-1}まで標本を求めるとX_nは自動的に求められてしまう。

自由に標本を選べるのはn－1個であるため，それを自由度と呼ぶ。

一つの森で2本の木を選ぼう。その二本の高さが，森全体の高さの平均に一致するためには1本を取り出すと，もう1本は2本の平均がちょうど森全体の平均に一致するように選ばなければならない。自由に選べない。自由に選べるのはn－1本である。

颯太「ここでは自由度はサンプルサイズから1を引いたものだ」

菜摘「分かったわ。ところで“t分布”なんて呼ばれるくらいだから，標準正規分布のような分布の図になるの？最初に聞いたときから気になっていて」

颯太「そうだった。“t分布”が何かについて説明していなかったね。“t分布”も平均値0の左右対称の山型のグラフなんだ」

菜摘「標準正規分布（平均値＝０，分散＝１）と似ているのね」

颯太「そうなるね。ただ，標準正規分布よりも少しなだらかな山型になる」

ホワイトボードにt分布と標準正規分布を描く，颯太。

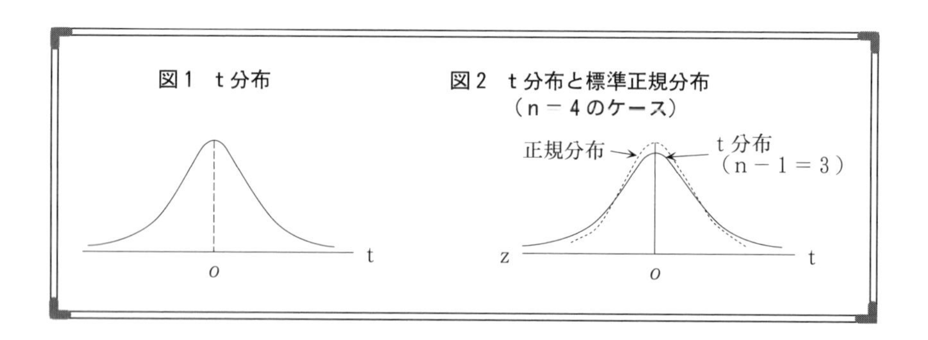

菜摘「標準正規分布の山の内側の面積割合（％）は標準正規分布表を使って求められたわ。ｔ分布も同じようにｔ分布表があるの？」

颯太「鋭い。そう，同じように表を使って山の内側の面積割合（％）を求めるんだ」

机に置かれていたｔ分布表をホワイトボードに貼り付ける，颯太。

和夫「ほぉ。これがそのｔ分布表か」

颯太「表の縦軸には自由度が示されている。横軸は，別表右上のｔ分布の斜線の面積割合（％）が示されている。そして，表の中にはこれらに応じたｔの値が示されている」

菜摘「標準正規分布表とは少し違うのね」

颯太「例えば自由度が10で，斜線の面積割合が0.01（１％）の場合のｔ値は次のように求める」

ホワイトボードに描かれたｔ分布表と図を用いて説明する，颯太。

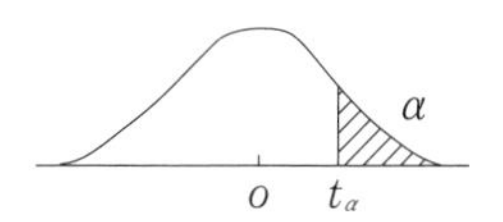

t 分布表（t 分布の百分位点）

自由度	α .25	.10	.05	.025	.01	.005
1	1.000	3.078	6.314	12.706	31.821	63.657
2	816	1.886	2.920	4.303	6.965	9.925
3	765	1.638	2.353	3.182	4.541	5.841
4	741	1.533	2.132	2.776	3.747	4.604
5	727	1.476	2.015	2.571	3.365	4.032
6	718	1.440	1.943	2.447	3.143	3.707
7	711	1.415	1.985	2.365	2.998	3.499
8	706	1.397	1.860	2.306	2.896	3.355
9	703	1.383	1.833	2.262	2.821	3.250
10	700	1.372	1.812	2.228	2.764	3.169
11	697	1.363	1.796	2.201	2.718	3.106
12	695	1.356	1.782	2.179	2.681	3.055
13	694	1.350	1.771	2.160	2.650	3.012
14	692	1.345	1.761	2.145	2.624	2.977
15	691	1.341	1.753	2.131	2.602	2.947
16	690	1.337	1.746	2.120	2.583	2.921
17	689	1.333	1.740	2.110	2.567	2.898
18	688	1.330	1.734	2.101	2.552	2.878
19	688	1.328	1.729	2.093	2.539	2.861
20	687	1.325	1.725	2.086	2.528	2.845
21	686	1.323	1.721	2.080	2.518	2.831
22	686	1.321	1.717	2.074	2.508	2.819
23	685	1.319	1.714	2.069	2.500	2.807
24	685	1.318	1.711	2.064	2.492	2.797
25	684	1.316	1.708	2.060	2.485	2.787
26	684	1.315	1.706	2.056	2.479	2.779
27	684	1.314	1.703	2.052	2.473	2.771
28	683	1.313	1.701	2.048	2.467	2.763
29	683	1.311	1.699	2.045	2.462	2.756
30	683	1.310	1.697	2.042	2.457	2.750
40	681	1.303	1.684	2.021	2.423	2.704
60	679	1.296	1.671	2.000	2.390	2.660
120	677	1.289	1.658	1.980	2.358	2.617
∞	674	1.282	1.645	1.960	2.326	2.576

颯太「まず縦軸の自由度10のところを見て。次に横軸の「.01」を見る。その両方をたどっていくと2.764という数字があるね。それがｔ値なんだ」

菜摘「この2.764がｔ値なのね。ｚの数値を求めるのよりも優しいわ」

颯太「じゃあ，練習。ｔ分布の両側の面積が0.05（５％）になるようにｔ値を求めて欲しい。（１）サンプルサイズｎ＝10のとき（２）サンプルサイズｎ＝23のとき」

菜摘「ｔ分布の山の内側部分の面積が0.95（95％）になるということは両側の面積を合わせて0.05（５％）になるということ。t分布は左右対称だから片方の面積割合は0.025（2.5％）になるということね」

ノートを広げて計算を始める，菜摘。

ｎ＝10
自由度（ｎ－１）＝10－１＝９
求める面積割合の半分＝0.025（2.5％）
縦軸は自由度９，横軸は0.025（2.5％）のｔ値は・・・
ｔ＝2.262（およびｔ＝－2.262）
－2.262≦ｔ≦2.262
ｎ＝23
自由度（ｎ－１）＝23－１＝22
求める面積割合の半分＝0.025（2.5％）
縦軸は自由度22，横軸は0.025（2.5％）のt値は・・・
ｔ＝2.074（およびｔ＝－2.074）
－2.074≦ｔ≦2.074

菜摘「できたわ」

颯太「うん。その通り。じゃあ３つめの問題。ｔ分布の両側の面積が0.05（５%）で（３）標本の大きさｎ＝26のときのt値は？」

菜摘「簡単よ。同じように考えればいいんだもの」

和夫「そうじゃな。これならわしでも簡単にできる」

ホワイトボードに歩み出てt値を計算する，和夫。

ｎ＝26

自由度（ｎ－１）＝26－１＝25

求める面積割合の半分＝0.025（2.5%）

縦軸は自由度25，横軸は0.025（2.5%）のｔ値は・・・

ｔ＝2.060（およびｔ＝－2.060）

－2.060≦ｔ≦2.060

和夫「（得意そうに）どうじゃ！？」

颯太「親父も理解したようだね。この－2.060≦ｔ≦2.060の不等式のｔに，さっき説明した数式 $t=\dfrac{\overline{X}-\mu}{\dfrac{s}{\sqrt{n-1}}}$ を代入して欲しい」

菜摘「できたわ。$-2.060\leqq\dfrac{\overline{X}-\mu}{\dfrac{s}{\sqrt{n-1}}}\leqq 2.060$」

颯太「じゃあ４つ目の問題。この不等式のｓに5，ｎに26，$\overline{X}$に14を代入してμを求めて欲しい」

菜摘「分かったわ。少しだけ計算に時間をちょうだい」

ノートを開いて計算をはじめる，菜摘，和夫。

$$-2.060 \leq t \leq 2.060$$

$$n-1=25$$

$$s^2=25 \qquad s=5$$

$$\overline{X}=16$$

$$t=\frac{\overline{X}-\mu}{\frac{s}{\sqrt{n-1}}}$$

$$-2.060 \leq 14-\mu \leq 2.060$$

$$11.940 \leq \mu \leq 16.060$$

菜摘「できたわ」

和夫「わしもできたぞ。答えは$11.940 \leq \mu \leq 16.060$じゃ」

颯太「進おじさんの森全体で見て木１本あたりの被害面積（かじられた面積）は，95%の確率で11.94㎠から16.06㎠の範囲に収まる」

和夫「凄いもんじゃのう。本当に魔法みたいじゃ」

　ここで求められた数値を申請書類に書き込む，菜摘。

［役場への補助申請書類］

（記載方法）

2．森全体で見て木１本あたりの被害面積（かじられた面積）はどれくらいか。

木１本あたり凡そ＿11.94＿㎠から＿16.06＿㎠の範囲

菜摘「今回も本当に勉強になったわ。ありがとう」

和夫「そうじゃな。わしも申請書の書き方が分かったところで，明日から調査

　を始めるわい」

颯太「では，最後に一つだけ」

　　　ホワイトボードに数式を書き始める，颯太。

颯太「今回は手順を踏んで計算したけど，この数式を使えばもっと簡単に求められるよ」

$$-t_* \leq t \leq t_*$$

「tは$-t_*$からt_*までの範囲」ということを示している。

$$\overline{X} - t_* \left(\frac{s}{\sqrt{n-1}} \right) \leq \mu \leq \overline{X} + t_* \left(\frac{s}{\sqrt{n-1}} \right)$$

t分布の場合はt_*がほぼ2に近いから2とみなしてしまうこともできる。

よって，t値が

$$-2 \leq t \leq 2$$

であるから，

$$\overline{X} - 2 \left(\frac{s}{\sqrt{n-1}} \right) \leq \mu \leq \overline{X} + 2 \left(\frac{s}{\sqrt{n-1}} \right)$$

と考えてよい。

ナレーション「この日の晩。菜摘は颯太に習ったことを復習していた。次に女子たちが来るときには颯太でなく菜摘の口から統計学を説明しなければならない」

菜摘・（心の声）「これは意外にもプレッシャーだわ」

ナレーション「颯太に教わったことを一生懸命に復習していたのは菜摘だけではない。一緒に習った和夫もまたノートを広げて理解を試みている。無論，自身の森を調査し補助申請書類を完成させるためである」

和夫・（心の声）「むむむ。いざ復習しようとすると難しいもんじゃわい」

ナレーション「颯太から統計学を学んだ結果，進も和夫も無事に申請書類を完成させ補助を受けることができた」

ナレーション「今回は森の木々で起こっているネズミ被害の面積について区間推定した。用途は専ら補助申請書類の作成のためとしたが，標本から区間推定する方法は実に多くの場面で活用できる。今後も進や菜摘，和夫や女子たちの活動を様々に助けることになるだろう」

6． 標本比率の区間推定

1）標本比率と母比率との差の検定

○進・菜摘の家の前（朝）

円になって話をしている，菜摘，女子たち。

菜摘

絢芽「相談って，いったい何ですか？」

ハンナ「私たちでよければ力になりますよ」

うなずき合う，女子たち。

菜摘「ありがとう。実は，お父さんが落ち込んじゃっているのよ」

絢芽「どうしてですか」

菜摘「樹木病の感染率が全国平均2.5%と言われていたのに，お父さんの森の木をランダムに100本調べたら感染している木が３本もあったの。適正に管理してきたつもりなのに，全国平均よりも感染率が高いことに落ち込んじゃって…」

美咲「なるほど。感染症は仕方ないけど…，進さんにとってはショックかもしれないわ。感染症が広まったら森の価値が下がってしまうし」

鞄から統計学の本を取り出し，ページをめくり確認する，琴音。

琴音「全体と標本の比率の差の検定だと違う数式を使わなきゃいけないですね」

本の文字に目を通す，琴音。

琴音「颯太さんには聞きにいかないんですか？」

菜摘「それが…。うちのお父さん，颯太のお父さんに対抗意識があるのよ。なので，今回の樹木病の感染率のようなマイナスの話題は颯太にしたくないんだってさ」

絢芽「えー。まったく男は頑固ですね。それに樹木の感染症の多くは虫や動物が運んでくるので，進さんの森の木だけが感染して発病するってことはないと思うんだけど…」

ハンナ「私，この前，和夫さんの森で不自然に葉が枯れている木々を見ましたよ」

美咲「あーあれね。一定の区画に生えている木だけが不自然に枯れていたわ。原因をはっきり調べないと決断は下せないけど，可能性は高いわよね」

琴音「樹木病が全くない森なんて珍しいんじゃないでしょうか。ですが，菜摘さんの話されることも分かりました。ここは私たちだけでサラッと聞いてきましょう」

○和夫・颯太の家の前（朝）

絢芽「颯太さーん！起きてますかー！」

扉のベルを鳴らしつつ叫ぶ，絢芽。

颯太

颯太「ん。どうしたんだい？」

眠そうな顔で扉から出てくる，颯太。

絢芽「あ，起きていたんですね」

琴音・（心の声）（起きていたと言うよりも，今起こされた感じね）

話を聞いた颯太。

颯太「困ったね。じゃあ，標本の比率と全体の比率と差があるかないか検定しよう」

菜摘「そうしてくれるとありがたいわ」

颯太「母集団の比率をｐとするとき，サンプルサイズが大きいとき標本値ｘの分布は正規分布で，平均値と分散は次のようになるんだ。

平均値＝np

分散＝np（1－p）

だから z ＝（x －全体の平均）／分散の平方根だから

$$z = (x - np) / \sqrt{np(1-p)}$$

だね。」

琴音「ここに（菜摘さんのお父さんの山の）サンプルの数字を入れてみればいいんですよね」

$$z = (3 - 100 \times 0.025) / \sqrt{100 \times 0.03(1 - 0.03)}$$
$$= 0.2931$$

琴音「$-2 \leq z \leq 2$ の範囲内だから差がないということですよね」

颯太「その通りだね」

菜摘「お父さん，喜ぶと思うわ。統計が一番の特効薬ね」

颯太「付け加えておくよ。他方，標本での実験結果の割合を $\hat{p} = x/n$ としよう。z を書き換えると

$$z = (\hat{p} - p) / \sqrt{\hat{p}(1 - \hat{p})/n}$$

だよ。分母の p については，標本が大きい場合，$\hat{p}$ に置き換えられてこうなるんだよ」

2）標本比率の区間推定

菜摘「（話を変えて）そう言えば，お父さんの森のある区画に生えている木々をランダムに100本調べたら広葉樹が10本，針葉樹が90本だったそうなの。森全体のうちの広葉樹の割合を気にしていたわ」

颯太「なるほどね。じゃあ，ついでに区間推定の話もしようか。進おじさんの森で広葉樹が生えている割合さ。95％の信頼区間で何％から何％の割合で

広葉樹が生えているか推定するね」

琴音「$-2 \leq z \leq 2$に，颯太さんが最後に示したzを代入すると，pの95%で挟まれる範囲は次のようになるのでしょうか？」

ホワイトボードに数式を書く，琴音。

琴音

$$\hat{p}-2\times\sqrt{\hat{p}\ (1-\hat{p})/n} \leq p \leq \hat{p}+2\times\sqrt{\hat{p}\ (1-\hat{p})/n}$$

颯太「その通り。よく分かったね」

琴音「(少し嬉しそうに) 良かった。合っていました」

颯太「じゃあ，具体的に数字を入れて計算してみようか」

菜摘「今回，100本調べて10本が広葉樹だったのだから，nは100，$\hat{p}$は0.1ね」

ホワイトボードで計算をする，菜摘。

菜摘

$$\hat{p}-2\times\sqrt{\hat{p}\ (1-\hat{p})/n} \leq p \leq \hat{p}+2\times\sqrt{\hat{p}\ (1-\hat{p})/n}$$

$N=100$

$\hat{p}=0.1$

(計算結果)

$0.04 \leq p \leq 0.16$

菜摘「できたわ。pは0.04から0.16に挟まれているわ」

琴音「つまり，進さんの森のその場所には，広葉樹が４％から16％の割合で生えているんですね。95％の信頼区間，つまり95％の確率で」

菜摘「ありがとう。父に伝えるわね」

ナレーション「菜摘の悩みは解決。またまた新しい統計分析の手法を学ぶことができたみんなは，明るい気持ちでそれぞれの仕事に戻っていった」

第3章　仮説検定

1．仮説検定—正規分布を使うケース（全体の分散がわかるとき）

1）仮説検定の必要性

ナレーション「また別のある日。隣町の洋が颯太の評判を聞き和夫の家にやってきた。洋は進や和夫と古くから交流のある同じ林業家である」

○和夫と颯太の家の玄関（朝）

玄関前に立っている和夫に話しかける，洋（62)。

洋

洋「久しぶりじゃのう，和夫さん。ぼちぼちやっとるか？」

和夫「まぁ，それなりにやっとるよ」

洋「お前の息子の颯太，大学で面白いもんを学んできたってきいとるぞ」

和夫「なんじゃ。有名になっとるのか。統計っつう学問での，現場第一できたわしらには無縁と思っとったが，意外とそうでもないんじゃ」

洋「学問のお遊びが実務に役立つってか？まぁ颯太の評判は確かに聞くの。なんでも林業をはじめた若い女子たちが偉く尊敬しとるよ」

和夫「あぁ，琴音ちゃんたちのグループかの。よく颯太に統計を教わりに来とるんじゃ」

洋「なるほど。それで颯太の名を聞くんじゃな。あの子たちは颯太と違って有名だからのー。実はそのことで文句があって今日は来たんじゃ」

和夫「文句があって？」

ナレーション「実のところ洋は颯太のことをよく思っていない。和夫が同じ林業家で商売敵なこともあるが，颯太の性格や考え方を良く思わないのが本音のところだろう」

和夫「おーい！颯太，洋さんが見えておるぞ」

和夫は玄関から家の内に向かって大声で叫ぶが，反応はない。

和夫「どうやら寝ているらしいの。すまんが，また後で来てくれ」

ナレーション「洋が和夫の家の玄関を立ち去ろうとしたその時である」

洋と和夫の前に歩いてくる，菜摘。

二人の存在に気付き会話の輪に入る，菜摘。

軽く挨拶を交わした後に家の奥に消える，和夫。

菜摘

菜摘「あ。洋おじさん。お久しぶりです」

洋「やぁ，菜摘ちゃん。大きくなったねぇ」

菜摘「(明るく) 今日は何か御用ですか？」

ナレーション「偏屈で有名な洋だが菜摘のことは昔から可愛がった。勉強をよく頑張る真面目な子として，菜摘はここらで評判が良かった」

洋「いや，なんつーかの。颯太が習ってきた学問でわしらは迷惑しとるんじゃ。それを伝えようと思っての」

菜摘「学問？もしかしたら統計学のことでしょうか？」

洋「そう。それなんじゃ。菜摘ちゃんは颯太をどう思っとるか知らんが，統計学は良くない学問じゃ。経験で培うべき林業をダメにする。森は生きているもので数字だけで動いているんじゃない。そのことをキッチリ伝えんといけんからの」

菜摘・(心の声)「洋おじさん。統計学について勉強されたようね」

ナレーション「洋の会話の節々から統計学を調べたことをうかがい知る，菜摘」

玄関から家の前に再び登場する，和夫。

和夫「颯太の奴。よーやく起きてきおったわ。ちょっと待っとれ」

寝ぼけた様子で玄関の前にやって来る，颯太。

颯太「やぁ，洋おじさん。お久しぶりです」

洋「(嫌味っぽく) 颯太，お前は本当に相変わらずじゃのう」

ナレーション「洋の否定的な口ぶりによって周囲の雰囲気は一転する。颯太も目が覚めた様子で洋の顔を真っすぐに見据えている」
菜摘「(慌てて) 洋おじさんは颯太の統計学の評判を聞いてきたらしいの」
ナレーション「すかさずにフォローを入れようとする菜摘」
洋「(強い口調で) お前が大学で学んだかよく分からない半端な知識を持ち帰ったおかげで，こっちは迷惑しとるんじゃ」
颯太「半端な知識？統計のことですか？」
洋「(威圧的に) そうじゃ。これだから大学を卒業した奴は好きになれん。林業で大切なのは計算じゃなく経験じゃ。ろくに林業の経験もないお前が，統計学を使って森を語るのにわしは我慢がならんのじゃ」
言葉に迷い何も返答できずにいる，和夫，菜摘，颯太。
洋「(颯太に向かって) わしは毎日のように森の中を歩いては木々を観察しておる。お前は何回森に入った？まさか紙の上から森を把握できるとは思っておらんよな？」
洋の強い口調に返す言葉が見つからず黙り込む，颯太。
和夫「(不愉快そうに) それで，どうしたんじゃ？まさか颯太を罵倒するためだけにここに来たわけじゃあるまい」
洋「(強い口調で) いーや。一言だけ文句を言いたかっただけじゃ。むしろ和夫さん。あんたは経験ある林業家として何も思わんのか？毎日森の木々を観察して40年以上。統計がどんな凄い学問か知らんが，わしらの経験を凌駕するとは思えん」
ナレーション「洋の主張は力強かった。長年の林業経験を軽視されたことへの怒りや経験論が科学実証に打ち消された悲しみなどの複雑な思いが込められている。洋の口調に否定的だった３人も徐々に洋の言葉を聞き入るようになっていく」
洋「森は生きている。昨年に20メートルの高さだった木は今年にはもっと高くなる。生長も日当たりによって早かったり遅かったり。土や気候の条件なんかでも大きく変わってくる。到底，数字のみで分かるものじゃないとわしは言いたいんじゃ」

和夫「なるほどの。洋さんの気持ち，分からなくもないの」

洋「ここ最近なんじゃ。わしの意見がことごとく覆されるようになったのは。なんでも統計で確かめたかどうかと聞かれる。ほれ，最近の役所の補助申請もそうじゃったわい」

和夫「役所の補助申請，ネズミ被害かの？あれにはわしも苦労したわい。颯太のおかげで何とか申請できたが」

菜摘「そうね。あれには苦労したわ。うちも颯太に教わって申請したのよ」

洋「わしなんて，わざわざ専門の業者を雇って調査したぞ。何度，わしが経験から意見しても信じてもらえず。調査した結果，わしの意見とそうは違わなかったがの」

颯太・（心の声）「なるほどね」

洋「統計学がどんなに凄い学問か知らんが，何十年も林業をやってきたわしらの経験を数時間やそこらの計算で覆して欲しくないんじゃ」

ナレーション「洋の言葉には深みを感じる。事実，林業に限らず全ての業種は経験こそが重んじられることは少なくない。経験から得られた情報と統計などの科学的調査から得られた情報に甲乙はつけがたい。しかし，社会の風潮であろうか，科学的調査から得られた知見が重んじられる傾向にあるのは４人ともが認めていた」

颯太「確かに，洋おじさんの話される通りと思う。統計の結果はあくまで参考に過ぎず，それが必ずしも正しいって保証はない。経験測の方が正しいなんてことも少なくない」

洋「（強く頷き）そうじゃろ，そうじゃろ。颯太は大学を卒業して心も大きくなったのー」

ナレーション「統計学を否定したかと思いきや颯太を褒めだす洋。洋の訪問には何か別の意図が隠れていることに気付く，颯太」

颯太「ところで，何かお困りでもあったんですか？」

颯太に心の奥を見透かされたようで気恥しくなり頭を掻く，洋。

洋「いやぁ，まぁ。林業にも計算は大事だ。経験で補えない部分を学問で補う。この必要性はわしも分かっておったんじゃ」

　　洋の相談に耳を傾ける，颯太，和夫，菜摘。

洋「実は…じゃな。かれこれ半世紀近く“周辺で平均的に木が高いのはうちの森”と言われてきたんじゃ。わしの森の周囲は行政や大学が管理しておる森がほとんどでも，見たところわしの森の木の方が平均的に高く見える。先日，某大学で講演をすることになっての。誇らしげにそのことを話したんじゃ。そしたら学生の一人が手を挙げて『それは統計学的に証明されているんですか』と聞いてきよった」

　　洋の話にうなずく，颯太，和夫，菜摘。

颯太・（心の声）「（困った顔で）いかにもありそうな話だな…」

洋「わしはそれまで統計学など聞いたこともなく答えに窮してしまった。わしの講演は大失敗じゃよ。それで家に帰って来てみれば，あの若い女子たちまでが『統計，統計』と口にしておっての」

菜摘・（心の声）「（困った顔で）あの子たち…」

洋「そして，とどめが役場の補助申請じゃ。役場の担当者に問い合わせたところ担当者までが『統計で分析してください』と言いよった。それで，わしは思わず統計学に詳しいと言われる颯太が頭にきてしまったんじゃ。すまん」

　　颯太に向かって頭を下げる，洋。

和夫「世の中，そんなに統計統計しとるんか。そりゃ，困ったもんじゃ。わしは森に籠ることが多く没世間的での。少しも知らんかったわ」

颯太「それで，洋おじさんの望みはなんですか？何かお困りがあって来られたのを感じるんです」

洋「そうそう。そうじゃった。わしは，自身の森が周囲の森よりも木が高いと信じておる。先祖代々そう伝えられておる。統計を使って，是非，それを証明しては頂けないだろうか」

　　再び颯太に向かって頭を下げる，洋。

和夫「（呆れ顔で）なんじゃ，そんなことか」

颯太「要は洋おじさんの森の木が周囲よりも高いことを証明すればいいんですね」

洋「そうじゃ。このとおり…，頼む。しっかりと統計で証明して欲しいんじゃ。講演をしても説得力があるようにじゃ」

颯太「そんなことでよければ。洋おじさんの森に生えている木の高さのデータなんかあるかな？」

洋「それならば，これがある。わしの森でランダムに100㎡（10メートル×10メートル）の区画を5か所とったんじゃ。合計で500㎡。そこに生えていた木は全部で169本。木の高さの平均値は29メートルじゃった」

和夫「29メートルかぁ。さすがじゃのぉ」

洋「（誇らしげに）高いところだけに厳選して測ればもっと高いんじゃがな」

和夫の家からホワイトボードを外に運び出す，颯太，菜摘。

洋の話したデータをホワイトボードに書きだす，颯太。

サンプルサイズ（n）	169
標本平均値（$\overline{X}$）	29

洋「（ホワイトボードを見て）サンプルサイズ（n）に標本平均値（$\overline{X}$），なんじゃそれは？」

菜摘「統計学では調査したデータ一つ一つのことを標本と呼ぶの。今回，洋おじさんが調査した木は169本だったから，サンプルサイズ（n）は169。標本の高さを平均したものだから標本平均値（$\overline{X}$）と表現されるの」

洋「なるほどの。でも，どうじゃ？29メートルの高さ，周囲の森よりは明らかに高いと思わんかの？」

颯太「それはまだ何とも言えないです。では，周囲の森のデータを教えてください」

洋「周囲の森？…はて？」
菜摘「えっと。肝心の比較する周囲の森のデータは持っていないんですか？」
洋「い，いや…。統計学なら分かるのかな…と思って。すまん，測って来ておらん」
颯太「さすがに比較するデータがないと何も分かりませんよ」

洋

洋「すまんの。また後日，出直すかの…。周囲の森は行政や研究機関が管理しておっての，勝手に入って良いのか分からんのじゃ」
　　とぼとぼと踵を返そうとする，洋。
菜摘「洋おじさん，待ってください。行政や研究機関が管理している森なら，もしかして既にデータがあるかもしれないわ。調べてみるから少し待っていて」
颯太「なるほど，そうだね。うちのパソコンで調べてみるよ」
　　和夫と颯太の家に上がり込む，颯太，菜摘。
ナレーション「しばらく時間が流れる」

○和夫と颯太の家の玄関（昼）
　　世間話をする和夫と洋の元へやってくる，颯太，菜摘。
菜摘「お待たせしました。データあったわよ」
颯太「ホームページ上では公開されていなかったけれど，電話して問い合わせたら簡単に教えてくれました」
洋「おぉ。良かった，良かった。ところで，どれくらいの高さなんじゃ？」
菜摘「その人が言うには，木の高さの平均値は27m，分散は240.25らしいです」
洋「平均値は27m!?見た目よりもずっと高いんじゃの。でも，わしの森の方が高いことは分かったわけじゃな」
颯太「まだ分からないですよ」
和夫「そうなんじゃよ。わしも最近になって統計を知ったんじゃがの。なんとも不思議なんじゃ。わしも今までなら『洋さんの森の方が高い』と宣言しておった」

ホワイトボードにこれらのデータを記入する，颯太。

＜洋さんの周辺の森＞

母集団の平均値（μ）　27

母集団の分散（σ^2）　240.25

洋「待ってくれ。わしの森の高さの平均が29メートルに対し，周囲の森の高さの平均は27メートルじゃ。どう考えてもわしも森の方が高いじゃろ」

颯太「確かに数値だけ見ると29と27で違いはあります。ですが，洋おじさんの森のサンプル調査でこれは誤差の可能性があるんです」

洋「(顔を歪めて) 誤差？」

颯太「統計学の用語では“誤差”と言います。数値上では洋おじさんの森の方が２メートル高いですが，これが“誤差”の範疇とされてしまうと統計学上は“差がない”と扱われるんです」

洋「なんじゃ。そりゃー！？」

和夫「じゃろ。だから統計学ってのは不思議なんじゃ」

ナレーション「その時である。ちょうど仕事を終えた女子たちが和夫と颯太の家の前を通りかかった。家の前にホワイトボードが置かれていることに気付き『何事か』と駆け寄ってくる女子たち」

解説している颯太の元に足早に駆け寄る，女子たち。

絢芽

絢芽「颯太さん，何やってるんですか？」

ハンナ「新しい統計の説明ですか？」

洋「おや，君たちは」

琴音「あ，洋さん。もしかして洋さんも颯太さんに統計学を教わりに来たのですか？」

洋「い，いやぁ。ちょっとな」

　　たどたどしく返事をする，洋。

　　ホワイトボードに目を遣る，女子たち。

ナレーション「女子たちは汗だく。如何にもたった今仕事を終えてきた様である」

菜摘「良ければ一緒に聞いていく？颯太，構わないわよね？」

颯太「もちろん」

琴音「良いのですか？…ぜひ，お願いいたします」

　　ホワイトボードの前に腰を下ろす，女子たち。

琴音

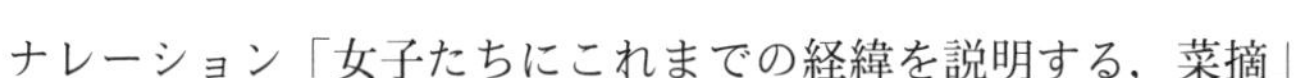

ナレーション「女子たちにこれまでの経緯を説明する，菜摘」

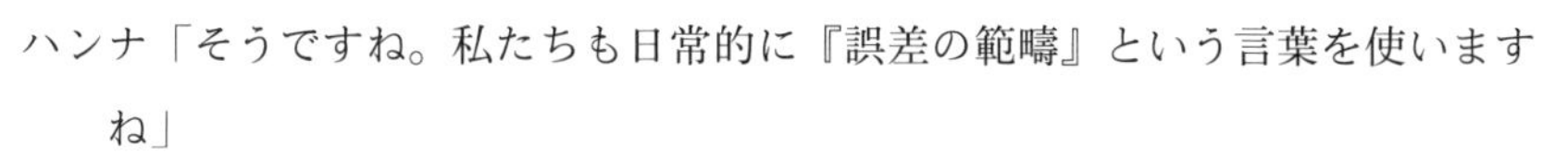

ハンナ「そうですね。私たちも日常的に『誤差の範疇』という言葉を使いますね」

2）仮説検定

颯太「誤差の範囲かどうかを調べるには“仮説検定”と言う手法を使う」

菜摘「仮説検定？」

颯太「ある仮説を立てて，その仮説が正しいかどうかを検定するんだ」

絢芽「仮説の検定だから仮説検定なんですね」

颯太「あるデータ間の差が誤差の範囲か否かを検定するにあたり，まず自分のデータが誤差の範囲に収まっているかいないかという仮説を考える」

ハンナ「誤差の範囲に収まっているというのはどういう意味ですか？」

颯太「誤差の範囲に収まるとは，誤差の範囲にあり『差がなかった』ということ。まず，仮説検定では，比べる両者の間に差はなかったと仮説を立てるんだ。そしてその仮説が正しいかどうかを実際のデータで検証するんだ」

洋「分かりにくいの。もっと具体的に教えてくれんかの」

颯太「今回，洋おじさんの森のサンプルの平均は29メートルだった。それは周辺の森の平均である27メートルとは差がなかった（誤差範囲だった）という仮説を立てるんだ」

菜摘「なるほど。この仮説が正しければ洋おじさんの森と周辺の森の木の高さに差はないってことで，仮説が違っていたら差はあるってことね」

颯太「そう。この仮説が間違っていたときにはじめて，誤差範囲ではなく本当に差があったと統計的に証明できる」

美咲「なるほどです。新しい言葉が出てきて急に難しく感じたんですけど，言っていることは簡単なことですね」

絢芽「今回，洋さんとしては仮説を否定したいんですね。そうすれば“差があった”つまり，高かったってことになるから」

洋「そうなるの」

颯太「ちなみに，このように捨てたい仮説を設定することを“帰無仮説”というんだ。そして，実際にデータで検証した後，仮説が肯定されることを“採択”，仮説が否定されることを“棄却”というんだ」

菜摘「つまり，“差がある”と証明したい人は“帰無仮説”を立てて，仮説を“棄却”すればそれが証明されるのね」

颯太「そう。今から流れを細かく説明するから見ていてね」

琴音「待ってください。この“帰無仮説”は必ずしも棄却されるとは限りません。もし棄却されなかったら？」

颯太「そうだったね。その場合は“採択”され差がないということになるね」

菜摘「差があれば“棄却”，差がなければ“採択”。覚えたわ」

颯太「じゃあ『仮説検定の方法』について1から3の手順で説明するから見ていてね」

ホワイトボードに解説を書き始める，颯太。

颯太

手順1　検定すべき仮説を作る

検定する仮説「洋の森の木の高さの平均値は27メートルである」(帰無仮説)

対立仮説「洋の森の木の高さの平均値は27メートルでない」

※この27メートルとは周辺の森全体の木の高さの平均値である。（母集団の平均値）

※検定する仮説を棄却できれば（対立仮説が正しいということになれば），洋の森の木の高さの平均値は周辺の森の木の高さの平均値よりも高いことになる。

手順２　検定統計量と判定基準を決める

検定統計量

まずは，検定に利用する統計量を決定する。これは，どのような確率分布をこの検定に利用するかを決めること。全体の分散σ^2がわかっているときは正規分布を使う。標準正規分布のｚを統計量として使う。

$$z = \frac{\overline{X} - \mu}{\frac{\sigma}{\sqrt{n}}}$$

洋の森の木の高さの平均値は，周辺の森の平均値27mと等しいと仮定する。

$\mu=27$（周辺の森全体（母集団）の木の高さの平均値）

これらの数値を以下の式に代入してｚを求める。

$$z = \frac{\overline{X} - 27}{\frac{\sigma}{\sqrt{n}}}$$

判定基準

標準正規分布の95％の判定基準を使う。95％の確率で当てはまることを“有意水準５％”と表現する。

有意水準を５％にすると，

$$-2 \leq z \leq 2$$

ならば“採択”それ以外ならば“棄却”となる。

手順３　実際に計算する

$\mu=27$

$\sigma^2=240.25$

（洋の森全体の木の高さの分散を周辺の森全体の木の高さの分散で代用）

n（サンプルサイズ）＝169

$\overline{X}$（標本平均値）＝29

σ^2/n（全体の分散）＝240.25/169＝1.421

$\sigma/\sqrt{n}$（全体の標準偏差）＝15.5/13＝1.192

$$z=\frac{\overline{X}-\mu}{\frac{\sigma}{\sqrt{n}}}=\frac{29-27}{\frac{15.5}{13}}=1.677$$

$-2\leq z\leq 2$（採択）

洋

洋「ｚは1.677。－２から２の間に入っとるの」

菜摘「この場合は“採択”だったわね。つまり仮説が正しいのね」

洋「仮説が正しいということは，誤差の範囲。差がないちゅうことか？」

颯太「そうですね。残念ですが，統計上の仮説は採択されちゃいました」

洋「そうか。わしの森の平均値は29メートル，周囲の森の平均値は27メートル。違うようでも森全体からみたら差はないってことかの」

項垂れて地面に膝をつく，洋。

ナレーション「先祖代々，特別に木が高いと言われてきた洋の森が，実は周囲の森と変わらないことが分かってしまった。洋の落ち込む気持ちも理解できる」

洋「それにしても統計学は恐ろしいの。複雑な数式を用いた上で“差はない”なんて言われちまうと返す言葉もない」

和夫「そうじゃの。その気持ち，わしもよく分かる。これも時代なのかの」

洋「(落ち込みながら) 先祖代々，わしらの木を見る目は間違っていたってことか。周囲の森の木より高いと思ってきたんだけどの」

琴音「洋さん。そんなに落ち込まないでください。私は洋さんの森も，その周囲の森にも入ったことがありますが，洋さんの森の方がずっと素敵でしたよ」

美咲「そうですよ。木の高さも大事ですが，太さはもっと大事です。それに周囲の森は間伐が遅れて地面に光が当たらず薄暗いです。それに対して洋さんの森はしっかり手入れが行き届いていて，歩いていて気持ちよかったです」

絢芽「森は木を伐って木材を生産するほかに空気を綺麗にしたり水を貯える機能があります。それらの機能はしっかりと手入れされた森でこそ発揮されます」

ハンナ「それらの機能も踏まえて，洋さんの森と周囲の森でどちらに魅力があるかと聞かれたら，私は間違いなく洋さんの森を選びます」

洋の森について力強い励ましをする，女子たち。

和夫「そうじゃ。今回颯太が調べたのは平均的な木の高さじゃ。周囲の森と洋さんの森のどっちに価値があるか，まさか分からんわけじゃあるまい」

洋「それもそうじゃ。確かに木の高さは周囲と変わらんかもしれん。じゃが，森としての魅力は絶対に勝っておる。これだけは断言する」

颯太「木の高さだけでは森の魅力を比較するのは無理です。ほかも検定してみますか？」

洋「(首を横に振り) いや，辞めておく。もしまた誤差の範疇なんて言われたら敵わんからの」

颯太「残念です。もし高さでなく太さで比べたら間違いなく帰無仮説を棄却できたのですが」

絢芽「(琴音の方を向いて) えっと…帰無仮説を棄却ってどっちだっけ？」

琴音「(小声で) 差があるってことよ」

和夫「わしの知るところ木の太さの違いは歴然じゃ。洋さんの森は是非頂きたいと思うが，周囲の森はくれると言われてもお断りじゃな」

菜摘「そんなに違うんですか？洋おじさんの森って」

洋「そりゃもう，全然違う。高さ一つでも同じと言われて，わしは悲しくなったくらいじゃ。良ければ今度遊びにおいで」

菜摘「よければ見てみたいわ。私，よく考えたらお父さんの森と和夫おじさんの森しか入ったことないの」

ハンナ「そうだったんですか。菜摘さんはあちこちの森を知っていると思っていました」

菜摘「私，ずっとここに居るけど，林業はあんまりわからないの。颯太の方がずっと詳しいのよ」

ナレーション「一時は落ち込んだが，皆と話しているうちにすっかり元気を取り戻す洋であった。気が付くと日はとっくに暮れ，辺りは真っ暗である」

洋「おや。もうこんな時間じゃ」

腕時計に目を遣る，洋。

絢芽「あ，よく見たら真っ暗です」

琴音「そうですね。話に夢中で時間を忘れていました。今日は遅いので帰ります」

颯太，菜摘，和夫，洋に頭を下げ，そそくさと引き上げる，女子たち。

洋「これが大学で勉強した統計学かぁ。颯太も大きくなったもんだ。もし良ければ林業コンサルタントをやらんか」

菜摘「あ。それは良いかも。颯太，まだ仕事決まってないみたいだし」

笑いながら颯太についての会話を繰り広げる，菜摘，洋。

颯太・（心の声）「困ったなぁ」

洋「おおっと。そろそろ，わしも帰るわい。和夫さん，菜摘ちゃん，颯太，またの」

颯爽と家の前を離れる，洋。

和夫「わしも先に家に入っとるぞ」

洋

ホワイトボードを片付ける，颯太，菜摘。

颯太「あともう一つ。今回は運よく母集団の分散（母集団の分散）が分かったから正規分布を活用した検定ができたけど，こんな情報が手に入るのは稀だよね」

菜摘「そうよね。もし母集団の分散が手に入らなかった場合は，また t 分布を活用するのかしら？」

颯太「うん。その通り。だいぶ統計の考え方が分かってきたね」

菜摘「（嬉しそうに）へへ。颯太の講義，分かりやすいわ」

２．仮説検定― t 分布を使うケース（全体の分散がわからないとき）

１）母分散が分からない

ナレーション「山はすっかり秋の装いである。今年は実が豊作で，木々は明るく彩られている」

○進の森の中（昼）

木々を調査しながら森の中を歩いている，進，和夫，女子たち。

ナレーション「一時は喧嘩ばかりしていた進と和夫だが，今ではお互いの森を評価し合うまでに関係は修復されている」

進「これが山ブドウ。これはコクワの実じゃ」

木に成っている山ブドウの実を採りハンナに手渡す，進。

黙って一口だけ噛り付く，ハンナ。

ハンナ「（顔をしかめて）うわっ。酸っぱいです」

木に成っているコクワの実を一つ採る，美咲。

美咲の脇からコクワの実を眺める，絢芽，琴音。

ハンナ

琴音「コクワの実，まるで小さなキウイフルーツです」

美咲の手からコクワの実を取り細かく観察する，琴音

進「よく気付いたの。コクワの実とキウイフルーツは親戚みたいなものなん

じゃ」

絢芽「どおりで。コクワの実を大きくしたら，そのままキウイフルーツですもんね」

　　地面のあちこちを見回す，和夫。

和夫「おーい！こっちにはキノコが生えてるぞ」

　　珍しいキノコを手に持っている，和夫。

絢芽

絢芽「スーパーではあまり見かけないキノコです。食べられるんですか？」

和夫「もちろんじゃとも。美味しいぞ」

絢芽「えー。見るからに毒キノコです」

和夫「まったく。キノコに毒があるかどうかは見た目だけで判断できるもんじゃないのじゃよ」

絢芽「何かに毒キノコかどうかを見分ける方法が書いてありましたよ」

和夫「それはとても危険じゃ。安全そうに見えたキノコに猛毒があるってことも珍しくない。キノコは詳しい人と採らなきゃ絶対にダメじゃぞ」

絢芽「はーい。分かりました。でも，そのキノコは食べたくないです」

和夫「最近の若い衆は本当に美味しいものを知らんのじゃの。実に残念じゃ」

　　手に持っているキノコを丁寧に袋にしまい込む，和夫。

琴音・（心の声）「森で働けばキノコや山菜なんかも収穫できるわ。これを上手に販売できれば，さらなる利益を上げられるのね」

ナレーション「頭の中で経営の電卓をはじく，琴音」

　　突然，遠くの方から洋の声が響く。

洋「おーい，おーい」

　　声のする方へ駆け寄る，女子たち。

　　女子たちの後ろからゆっくり向かう，進，和夫。

ハンナ「あ。洋さん，先日ぶりです」

ナレーション「前回，森の木の高さを比較して以来，洋は前にも増してここらに来ることが多くなった。今では数週間に１度くらいの頻度で進や和夫と情報の交流をしている」

進「おや，洋さん。今日はどうしたんじゃ？」
洋「いやー。進さんの森は大丈夫かなーっと思っての」
進「大丈夫？何のことじゃ？」
洋「熊じゃよ。クマ」
和夫「クマ？それがどうしたちゅうんじゃ。森に行けばクマはおる。出逢わないためにこうして鈴も持ち歩いておる」

鈴の音を鳴らす，和夫。

洋「それがじゃ。今年は異常に糞や足跡が多いんじゃ。気がつかんかの？」
進「言われてみりゃ。そうかもの」
琴音「わ，わーーー！」
絢芽「きゃー！」
ナレーション「遠くの方で琴音と絢芽の悲鳴が聞こえる」
和夫「(慌てて) どうしたんじゃ？」
琴音「(恐る恐る) こ，これ…」

黒く小さな塊を指さす，琴音。

絢芽「(恐る恐る) これ，シカの糞じゃないですよね。キツネでも，イノシシでも…」
ナレーション「琴音の指さす先には紛れもないクマの糞と足跡があった。しかも，まだ新しい」

クマと聞いて驚き震える，女子たち。

洋「ほれ，さっそくあったの」
進「じゃのー。これはまだ新しい。近くにおるかもしれん」
和夫「そうじゃな。クマの痕跡を見てしまった以上，今日は引き上げるとしよう」
ナレーション「森にクマがいるのは当然である。しかし，このように明らかな痕跡を目にしてしまった以上は潔く引き返すのもまた林業家である」

踵を返して進の家に向かう，進，和夫，洋，女子たち。

草木が風で揺れて音がするたびにビクリと反応する，女子たち。

洋「(笑いながら) そこまで怖がらんでも大丈夫じゃ」

進「そうじゃの。わしらもクマと遭遇したくないが，クマもまた人間と遭遇したくないと考えとるんじゃ。お互いに出会わないように注意しあっとる」

腰に付けた大きな鈴を鳴らして響かせる，進。

ナレーション「このような鈴はクマに人間の居場所を教えるために持ち歩く。人間に遭遇したくないクマは，意識して鈴の音から遠ざかろうとする。結果，森でバッタリと出逢うことを回避できる」

和夫「(笑いながら) クマは嗅覚が鋭く隠れるのが上手いからの。わしらからはクマが見えていなくとも，クマはちゃんとわしらの居場所を把握しとるんじゃ」

和夫の言葉を聞き，より一層，震えあがる，女子たち。

和夫「熊と言うのは変に刺激しない限りは大人しい生き物じゃ。わしらより先にわしらの存在に気付き，そして，わしらに気付かれないように去っていく」

絢芽「(怯えながら) で，でもクマに襲われる事件はよく発生します」

進「そうじゃの。クマは一度手にしたものを自分のものにする習性があるんじゃ。じゃから，クマに奪われたものを取り返そうとしてはならん。世間で聞くような悲惨な事件の多くは，クマの習性を知らないがために発生しておる」

和夫「また，森に入っていくときはクマの縄張りに入らせていただくという謙虚な姿勢も大事じゃの。クマの餌場で山菜取りに夢中になって襲われたという事件も聞く」

洋「二人ともクマの肩を持ちすぎじゃ。わしら林業家にとって，やはりクマは害獣じゃ。それも命に関わる危険な害獣。必要以上に恐れない代わりに，クマに出くわさぬよう細心の注意を払っとるよ」

鈴を鳴らしながら手に持ったクマスプレーを女子たちに見せる，洋。

ナレーション「クマについての会話を続けつつ，一同は進の家の前まで戻ってきた」

美咲

○進と菜摘の家の前（午後）

ハンナ「あー怖かったわ。ここまで来れば安心ね」

琴音「そうです。生きた心地がしませんでした」

美咲「あの足跡，どれくらいの大きさのクマなんでしょう。クマは縄張りを離れないと聞きます。あの森にはどれくらいの大きさのクマがいるのか知りたいと思ったんです」

進「クマのサイズは，わしも気になるところじゃ。なんたってわしの森に居るクマじゃからの。クマの足跡を測るときは前足の横幅の長さを測るのが一般的での，念のため測っておいたんじゃ」

腰にぶら下げた鞄から手帳を取り出す，進。

進「（手帳の文字を見ながら）平均は15.6センチじゃな」

絢芽「進さん，平均15.6センチって…。一体どれくらいの足跡を見つけたんですか？」

ハッと気づいて進の方を向く，ハンナ，美咲，琴音。

和夫「なんじゃ，気付いておらんかったか。足跡だけで何頭もいるのが分かったぞい」

進「（得意そうに）17頭あったクマの足跡の平均値が15.6じゃ」

美咲「この足跡，大きなクマのものですか？それとも小さいクマのものですか？」

和夫「そうじゃのう。大きい小さいの基準がはっきりせんと答えようもないの」

美咲「じゃあ。ここらの森に居るクマの中で大きい方でしょうか，小さい方でしょうか」

和夫「それも答えにくいの…。現に何頭もの足跡があったわけじゃし」

美咲「そうですよね。ちょっと興奮していました。…では，進さんの山で見つけた17頭の15.6という平均値はここらの森では大きい方なんでしょうか，小さい方なんでしょうか？」

和夫「そうじゃの…。それを比較するには森に生息しているクマの平均的な前足のサイズが分からんとなんとも…」

ナレーション「女子たち，進，和夫が諦めかけた時，洋が揚々と声を発する」

洋「それなら分かるぞ。これを見るんじゃ」

鞄からたくさんの写真を広げる，洋。

ナレーション「そのたくさんの写真にはどれもクマが写っている」

洋

ハンナ「洋さん。この写真は何ですか？」

洋「何ですかって，見りゃわかるじゃろ。クマじゃ」

ハンナ「（呆れて）それはそうですけど…」

洋「これは，わしの知り合いの大学の研究者からもらったクマの写真じゃ。彼がこの地方全体の森のクマの大きさを調査したんじゃ」

ハンナ「（困惑して）はぁ…」

洋「彼の研究室はこの写真全てのクマの前足の横幅の長さを測ったそうじゃ。その平均とやらだけはメモしてある。16センチだそうじゃ」

進「洋さんが全体の資料を持っているならば，ぜひわしの山のクマが小さいかどうか調べてほしい」

女子たちが計算した17頭のクマの前足の横幅の長さの分散は1だった。

クマの足跡のサンプルサイズ（n）	17
前足の横幅の長さの平均値	15.6cm
前足の横幅の長さの分散（s^2）	1
洋が示したこの地方全体のクマの前足の横幅の長さの平均値	16cm

絢芽「でも，なんでクマの足跡は前足の横幅を測るんですか？」

洋「まぁ，大きさを比較する上での一般に使われとるから…かの」

絢芽「へぇ。でも全体の平均値が16センチに対して，進さんの山のクマの大きさは平均15.6センチ。つまり，ここらへんに居るのは平均よりも小さいクマってことね。良かったわ」

美咲「そうね。もし大きなクマがいるってなったら，怖くて仕事どころじゃないわ」

進・（心の声）「大きさだけがクマの恐怖じゃないと思うがの…」

ナレーション「進と和夫はそれぞれに感想を抱いたが，徒に女子たちを刺激してしまうと考え口にすることを留めた」

ハンナ「普通より小さいクマなら大丈夫よね。出逢わないようにして今後も頑張れるわ」

ナレーション「進の山のクマの足跡の大きさの平均値が全体の平均値より小さいと知り安心する女子たち」

洋「ちょっと待つんじゃ。わしの測った全体のクマの足跡の平均サイズが16センチで，進さんの山のクマの平均サイズが15.6センチ。たった0.4センチしか違わんちゅうことは誤差の範囲じゃないかのー」

ナレーション「前回学んだ統計学の知識をさっそく活かそうとする，洋。もしかしたら，前回の統計結果によって自身の森の木の高さが平均的と証明されたことに不満を抱いているのかもしれない。兎に角，洋は統計にこだわりを見せている」

琴音「それもそうですね。たった0.4センチの違い，洋さんの仰るように平均的なサイズのクマより小さいとは言えないかもしれません」

洋が広げた数十枚の写真のうち平均的な大きさのクマを指さす，琴音。

絢芽「誤差の範囲，せっかくなんで試してみる？」

美咲「そうね。せっかくの機会だし」

統計の計算をはじめる，女子たち。

計算している様子を黙って見守る，進，和夫，洋。

美咲

ハンナ「あぁ。やっぱりダメです。前回と同じ方法じゃ誤差範囲を調べることができません」

進「（驚いて）ど，どうしてじゃ？このように平均値15.6センチ，分散は1とちゃんとデータは揃っておるぞ」

ハンナ「進さん，違うんです。今回洋さんから頂いたのは全体の平均値のデータだけで全体の分散ではないです。前回とは違うんです」

絢芽「（考えた末に）今日，颯太さんは何をされているんですか？颯太さんなら何か手段を知っていると思うんです」

進「そうじゃな。颯太なら何か手段を知っとるはずじゃ」

和夫「（困った顔をして）颯太か。実はあいつは今都会に行っとるんじゃ。なんでも観たい映画があるんだとよ。全く，困った奴じゃ…」

絢芽「（呆れた顔で）映画…，ですか」

ハンナ「菜摘さんは？菜摘さんなら何かわかるかもしれません」

進「（困った顔をして）菜摘かぁ。あいつも今は都会に行っておる。なんでも友達と映画を観に行くとか言っておった。まったく，こんなときに限って…」

洋「そうじゃの。よりによって二人が同時に都会に行くとは。偶然とはあるものじゃな」

琴音・（心の声）「二人で見に行ったのではないでしょうか？」

絢芽・（心の声）「多分。二人で行ったのだと思われます」

ハンナ・（心の声）「二人で行ったんでしょうね」

美咲・（心の声）「必然ではないのでしょうか」

ナレーション「銘々が様々に状況を想像したが，それによって現状が打開されるわけではない。今，菜摘と颯太はいないという事実だけは確実である」

琴音「（緊張気味に）では，お二人がいないのでしたら私の方で統計を説明しますね」

驚いて一斉に琴音の方を向く，絢芽，ハンナ，美咲，進，和夫，洋。

鞄から１冊の本を取り出し悠々とページをめくる，琴音。

琴音「洋さん，その研究者の手元には調べた全体の分散の値はあるんですか」

洋「すまん，すまん。平均値しか受け取っていないんじゃ。それ以来彼とは連絡を取っていないんじゃ。今外国のどこかに行ってしまった」

琴音「全体の分散が分からないんですね。困ったわね」

琴音は少し考えた。

琴音「私，前回の颯太さんの解説を聞いていて考えていたんです。現状では全体の分散が分かるような状況なんて，なかなかないです。進さんの山のクマのデータのように標本から分散を求めることが一般的だろうと」

琴音の説明にグッと耳を凝らす，絢芽，ハンナ，美咲，進，和夫，洋。

琴音「以前にも全体の分散は分からなくて，標本の分散から分散を計算したことがあったんです」

本に書かれた解説を皆に見せる，琴音。

ナレーション「琴音は統計では標準正規分布を使う場合とｔ分布を使う場合があることに気付いていた。全体（母集団）の分散（σ^2）が分かるときは，標準正規分布を使う。全体（母集団）の分散（σ^2）が分からず標本の分散（s^2）のみが分かるときは，ｔ分布を使うというものだ。そのことを懸命に説明する，琴音」

琴音「今回，標本の分散（s^2）は１と分かっています。サンプルサイズ（n）は17です。つまり，$s^2/(n-1)$ は1/16と分かります」

取り出したルーズリーフに数式を書く，琴音。

$$n = 17$$

$$s^2 = 1$$

$$s^2/(n-1) = 1/16$$

絢芽「（感動して）おぉ。さすが琴音」

ハンナ「これでこそ，うちのリーダー！」

美咲「（嬉々として）さっすが！」

淡々とスマートに説明する琴音にただただ聞き入るだけの，進，和夫，洋。

進・（心の声）「頭の良いことは聞いていたが，まさかここまでとはの…」

和夫・（心の声）「林業の仕事をしながら，いつの間に勉強したんじゃ…」

ハンナ「ｔ分布表は自由度と割合（％）を対応させたわ」

琴音「そう。自由度はサンプルサイズから1を引いた数だから，17-1の16。割合は基本である95％で考えるとt値は2.12になるわ。このt値はプラスとマイナスの両方に配置されるから

$$-2.12 \leq t \leq -2.12$$

と考えることができるわ。颯太さんが言っていたように，ｔ分布の場合は95％の有意水準のｔ値がほぼ２に近いから２とみなしてしまうこともできる。よって，ｔ値が

$$-2 \leq t \leq 2$$

の範囲ならば仮説を採択，それ以外ならば仮説を棄却と考えられるそうよ」

絢芽「あ，仮説！前にも習いました。帰無仮説」

琴音「今回の場合『進さんの山のクマの標本平均値15.6センチは全体の平均値16センチと差がない』と仮説を立てます。採択されれば差がないということ。棄却されれば差があることになります」

ハンナ「差がある。つまり，森の平均的なクマの足跡より小さかったってことね」

　　琴音の解説に合わせて勢いずく，女子たち。

進「ｔ値の範囲が$-2 \leq t \leq 2$と言うのは分かった。じゃが，このｔを求める数式はどうなるんじゃ」

琴音「これについても今までと同じです」

　　ルーズリーフに数式を書く，琴音。

琴音

$$t = \frac{\overline{X} - \mu}{\frac{s}{\sqrt{n-1}}}$$

ｔが$-2 \leq t \leq 2$なら採択，そうでなければ棄却。

洋「おぉ！！こりゃ凄い」
和夫「本当じゃの。まるで大学で学んできたかのようじゃ」
　　大歓声が森中にこだました。
　　照れて下を向く，琴音。
琴音「ここからの説明は特別なことではありません。繰り返しになりますが，丁寧に書いていきます」
　　皆の前にルーズリーフを広げて説明を書いていく，琴音。

琴音

仮説検定（全体の分散がわからないとき）

手順1　検定すべき仮説を作る

検定する仮説「洋の森のくまの足跡の大きさは全体の平均値16である」（帰無仮説）

対立仮説「洋の森のくまの足跡の大きさは全体の平均値は16でない」

↓

検定する仮説を棄却できれば，この15.6の足跡は平均値16よりも小さいことになる。反対に仮説が採択されてしまうと15.6と16の差である0.4は誤差範囲に過ぎず，15.6も平均的な大きさであるとみなされる。

手順2　検定統計量と判定基準を決める

全体の分散がわからないときはt分布を使う。t分布は標本平均値を分析する　ときの分布を考えるのに，標本の不偏分散$s^2/(n-1)$を使う。

μ（洋の調査した全体のクマの平均値）＝16

とおく。これら数値を以下に代入してｔを求める。

$$t = \frac{\overline{X} - 16}{\frac{s}{\sqrt{n-1}}}$$

判定基準

今回の自由度は17－１＝16なので，ｔが－２≦ｔ≦２ならば採択，それ以外ならば棄却と判定基準を設定する。

手順３　実際に計算する

μ（森全体のクマの平均値）＝16

s^2（標本の分散）＝１

ｎ（サンプルサイズ）＝17

$\overline{X}$（進の山の17頭から計算した標本平均値）＝15.6

$s^2/n-1 = 1/16$より$s/\sqrt{n-1} = 1/4$

$$t = \frac{\overline{X} - 16}{\frac{s}{\sqrt{n-1}}} = \frac{15.6 - 16}{\frac{1}{4}} = -1.6$$

$-2 \leq t \leq 2$　なので採択

美咲「あ！…残念」

　　　計算をした結果，気難しい表情を浮かべる，女子たち。

琴音「残念です。－２≦ｔ≦２の範囲に入っています…」

ハンナ「仮説は採択されてしまったのですね…」

絢芽「さっき私たちが見かけたクマの足跡は平均より小さいクマの足跡って訳

じゃなかったのね」

琴音「悔しいわ。平均値が小さくて喜んだけど誤差だったと証明されてしまったわ」

パチパチパチパチ…

ナレーション「その時である。大きな拍手が女子たちの耳を通過した」

進「いやー凄い。実に素晴らしい解説じゃった」

和夫「本当じゃ。本当に，驚かされたわ」

洋「わしもじゃ。わしも統計学の本を読んだつもりではおったが，琴音ちゃんほどは理解できんかった」

琴音「(照れながら) ありがとうございます。でも，とても颯太さんのようには解説できませんでした」

小さくなりながら進と和夫，洋に頭をさげる，琴音。

和夫「(笑いながら) …だとよ。お前も随分と持ち上げられたもんじゃのう」

和夫の後ろから登場する，颯太，菜摘。

驚きのあまり固まる，琴音。

琴音「(恥ずかしがりながら) いつから聞いていたんですか？」

颯太「(笑いながら) 途中から聞かせてもらったよ。とても分かりやすい解説で，こっちがびっくりしちゃった」

菜摘「そうね。私，琴音ちゃんの説明で勉強させてもらったわ。本当に凄いわ。自分で勉強したの？」

琴音「は，はい。これから仕事でも使うことがあるんじゃないかって思って，本を１冊だけ買いました。颯太さんに習ったあとで読み返すととても分かりやすくて…」

畏まって応える琴音に頭を掻く，颯太。

ハンナ「琴音って実は家に戻った後もずっと統計学の勉強しているんですよ」

絢芽「そうなんですよ。現場の経験も大事だけど，それと同じくらいデータも大事になるって言って」

美咲「そうなんです。もっと褒めてあげてください」

琴音「（照れて）い，いや。いいですよ。勘弁してください」

　　絢芽，ハンナ，美咲の後ろに引っ込んでしまう，琴音。

菜摘「琴音ちゃんの解説でも話していたけど，クマが出ているらしいわね」

ハンナ「そうなんです！そうなんですよ！それも普通と同じ大きさのクマがここらへんにも…」

菜摘・（心の声）「（笑って）普通と同じくらいって。面白い子ね」

菜摘「それでね。さっき聞いたんだけど，颯太はこの森で猟師をやろうって思っているらしいのよ」

颯太「（慌てて）ちょっと，まだその話は内緒に…」

和夫「何！？ 猟師じゃと」

琴音「猟師…ですか？」

洋「猟師…。良いじゃないか！！凄く良い。最近は猟師が不足しておっての。そのせいでクマが増えているのもあるんじゃ」

進「確かに，猟師が知り合いにいると助かるの。万が一，クマが縄張りを張ったときにも退治をお願いできる」

洋「猟師になるということは，ここらに居るということじゃな。つまり，統計学で困ったときには助けてくれるっていうことじゃな。いやー助かる」

和夫「猟師とは実に良い心掛けじゃ」

　　皆の期待の声を聞き黙って頭を掻く，颯太。

菜摘・（心の声）「（小さく笑いながら）本当は映画のシーンに触発されただけなんだけどね」

絢芽「わーい！これでこの森は安泰ですね」

ハンナ「ですね！クマなんて颯太さんが居れば怖くないです！」

美咲「そうですね。さっそく，この森に居るクマを倒してもらいましょう」

進「お，それはいいなー」

颯太・（都会にて：心の声）「（困って）まだ猟の免許すら持っていないんだけどなぁ」

ナレーション「颯太が戻ってきたことで進と和夫は仲直りした。さらには絢芽，ハンナ，美咲，琴音と良好な関係を築くだけでなく，洋までも仲間の輪に加えてしまった。統計学はあらゆる分野で活用される学問である。林学や経済学で活用されることがあれば，全く違った社会学のアンケート調査で使用されることもある。実に様々な分野で活躍できる知識である。そんな知識だからこそ多くの者の関心を集めることができ，ときに結びつけることもできる。

颯太は「猟師になる」と言い，ここで皆と一緒に生活をすることになる。今後も統計学は様々なジャンルで活用され，この村をより一層，良い方向へ導くであろう」

第4章　差の検定　進と和夫との勝負
―確率分布の応用―

1．比率の差の検定

1）二つの標本比率の比較

ナレーション「話はここでは終わらない。進と和夫は仲直りしたとはいえ，ライバル同士。互いに切磋琢磨する大切な存在である。今回は再び進と和夫の競争から幕は開く」

○和夫の家の前（午後）

地面に腰掛け，うなだれる和夫。

和夫

和夫「なんで皆，進の森なんかが好きなんじゃ…」

小声で文句をつぶやく和夫。

様子をうかがいつつ，和夫に語りかける，颯太。

颯太「親父，どうしたんだ？」

和夫「今回こそは進に完敗なんじゃ。長いことライバルでやってきたが，今回こそは敗北してしまったんじゃ…」

颯太

ふさぎ込む和夫。

困った様子で頭を掻く，颯太。

ナレーション「林業女子たちの活躍を見て，若者の勢いや力を再確認した進と和夫。より多くの若者に林業の魅力を伝えたいと考え，自分の所有する森を地域に開放したのだった。二人の森は今や環境教育フィールドの定番である。進と和夫も学校の行政機関から依頼されて，講師として植樹会や間伐体験会，木工教室などを開催，地域の人気者であった」

勝ち誇った様子で和夫と颯太の前を通り過ぎる進。

ナレーション「仲良くなったとは言え進と和夫は長年のライバル。無意識にお互いを比較する癖があった。二人は自身の森を子ども達に見せては，魅力的に感じるかどうかアンケートを取っていた。つい先日，それをお互いに見せ合ったのだった」

和夫「前回，子どもたちの教室『林業で考える森』では，わしの森と進の森は引き分けた。しかし，今回，子ども達は進の森の方が魅力的だと明言したんじゃ」

悔しそうに地面を叩く，和夫。

颯太「子ども達は林業を知らないじゃないか。気まぐれに答えているだけだって」

和夫「そこがまた悔しいんじゃ。子どもは純粋だからの。純粋に進の森に魅力を感じたんじゃ」

手に握りしめた紙を颯太に差し出す，和夫。

紙を受けとる，颯太。

ナレーション「その紙は進の森と和夫の森についてのアンケートを集計したものだった」

和夫「進の森は70人中60人，つまり約85%が魅力的と答えたのに対して，うちは94人中75人の約79%しか魅力的と答えてくれておらんのじゃ。この6%の差は大きい…」

［進の森］

魅力的と答えた人数　60人　魅力的と答えなかった人数　10人

合計70人

60人÷70人≒85%

［和夫の森］

魅力的と答えた人数　75人　魅力的と答えなかった人数　19人

合計94人

75人÷94人≒79%

※%の小数点以下は切り捨て表示。

颯太「なるほどねぇ」

和夫「わしの森の方が木々が整然と並んでいて，魅力的なはずなんじゃ」

颯太「どのような森を魅力に感じるかは人ぞれぞれだからね。実際に木を植えたり伐ったりする人にとっては，まっすぐに立って綺麗に整列した森を好むかもしれない。けれど，そうじゃない都会の人にとっては雑然とした雑木林を好むかもしれないよね」

和夫「そうなのか…。都会の人はそうなのか…」

颯太「分からないけれど，そう感じることもあるよ。森は雑然としつつも調和がとれているなんて表現されることもあるし。都会では家やビルなんかが人工的に規則正しく並んでいる。森はそれと対照的ってところに魅力があるんじゃないかな」

和夫「なるほどの。都会の人が観光で訪れたい森と，林業家が考える立派な森とではギャップがありそうじゃの」

颯太「林業は立派な第一次産業だからね。都会の人からは観光業やサービス業に近い業種と勘違いされそうなところもあるけど」

和夫「そうじゃの。林業は同じ第一次産業の農業と比較して，一般の人に認知されていない気がするんじゃ。わしらが頑張って，もっともっと多くの人に林業を知ってもらわんと」

話をするうちに，元気を取り戻していく，和夫。

颯太「林業に限らず農業もなんだけど，第一次産業だけでなく観光業やサービス業としての可能性も秘めている。これらを両立させた産業が主流になるかもね」

和夫「第六次産業っていうらしいの。観光地として森を見るならば，きっと，わしの森より進の森の方が良いんじゃろうな」

アンケート結果を思い出し，元気を失い始める和夫。

和夫の森を遠くに見やりながら考え込む，颯太。

颯太「だったら統計的に差があったのか調べてみよう」

和夫「また統計か。でも，こんなに明確に数値が表れているんじゃ」

颯太「もしかしたら，誤差の範囲かもしれない。比率の差の検定式に代入すれば，すぐに答えが出る」

和夫「それは何じゃ？」

颯太「ある一定数からのアンケート調査で魅力的かどうかを比較したとき，魅力的と答えた人の割合が全く同じなんてことは考えにくいよね。必ずと言っていいほど，どちらかが上でどちらかが下になる」

和夫「まぁ，そりゃそうじゃの。当然じゃ」

颯太「ただ，ここで表れる違いは本当にそうかもしれないし，誤差かもしれない」

和夫「つまり，誤差の範囲内だったら負けてないことになるんじゃな」

颯太「そうだね。有意に差があるとは言えないことになる」

和夫「85%と79%の差。どうかの」

元気を取り戻して活き活きと颯太に語りかける，和夫。

颯太「これればかりは実際に計算，つまり，検定をしてみる必要がある。今から説明するね」

ホワイトボードの前に立つ，颯太。

颯太「では，比率の差の説明をするね。まずは2つの標本から比率を取る」

標本の大きさ（アンケートに回答した人数）

n^1 •••進の森のアンケートに回答した70人

n^2 •••和夫の森のアンケートに回答した94人

カテゴリーの度数（アンケートで「魅力的」と回答した人数）

f_1 •••進の森を「魅力的」と回答した60人

f_2 •••和夫の森を「魅力的」と回答した75人

割合（比率）

$p_1 = f_1/n_1$ •••85%≒60人／70人

$p_2 = f_2/n_2$ •••79%≒75人／94人

※%の小数点以下は切り捨て表示。

和夫「ここまでは何てことはない，普通の割合の説明じゃの。あえて文字で説明するあたりが，相変わらず分かりにくいが」

颯太「一般化する必要があるから，仕方なく文字にしている。あえて複雑にしようなんて意図はないよ。

今回，二つの比率の差は次の式で表せるね。

$p_1 - p_2$（0.85（85%）−0.79（79%））」

和夫「そうじゃの。あえて噛み砕いて説明する必要もない」

颯太「じゃあ，全体の比率の推定値はどうなると思う？仮にどちらの森も親父の土地だったとして，何%くらいの子どもが魅力的って答えてくれると思う？」

和夫「全体の比率の推定値？また分かりにくい言葉を使うの。ただ，その質問の答えなら次のようにならんかの？

進の森を「魅力的」と回答した60人と，わしの森を「魅力的」と回答した75人を合わせて135人。進の森に回答した70人とわしの森に回答した94人を合わせて164人。

(60人＋75人)／(70人＋94人)＝135人／164人≒0.82（82%）

これでいいかの？」

颯太「うん，それで大丈夫。この82%のことを全体の比率の推定値と言う。文字にすると $\hat{p}$ と書く決まりなんだ」

ホワイトボードに文字を書き込む，颯太。

全体の比率の推定値

$$\hat{p} = (f_1 + f_2) / (n_1 + n_2)$$

0.82＝（60人＋75人）／（70人＋94人）

和夫「この程度ならわしにも分かるぞ」

颯太「次からが難しい。式の意味を考えるのでなく，ここで求めた値を代入するって考えるんだ。次の式に n_1 と n_2，p_1 と p_2，そして $\hat{p}$ を代入して z の値を求めて欲しい」

ホワイトボードに数式を書き込む，颯太。

z を求める数式

$$z = (p_1 - p_2) / \sqrt{\hat{p}(1-\hat{p}) \times (n_1 + n_2) / (n_1 \times n_2)}$$

颯太「この場合の帰無仮説と対立仮説は…」

説明しかけた颯太の会話に割って入る，和夫。

和夫「仮説は二人の森の魅力には差が無い，対立仮説は二人の森の魅力には差が有る，じゃな」

颯太「そうだね。差がないと仮説を立てて，採択されれば実際に差が無かったことになる」

和夫「今回，わしは採択される方を望んでおる。そうすれば進に負けたことにならんからの」

ホワイトボードに数式を書き込む，和夫。

検定する仮説「二人の森の魅力には差は無い」（帰無仮説）

対立仮説「二人の森の魅力には差が有る」

採択→仮説が正しい

棄却→仮説は間違っていた＝対立仮説が正しい

採択条件　　$-2 \leq z \leq 2$

（z値の計算）

$n_1=70 \quad n_2=94$

$p_1=60/70=0.85$

$p_2=75/94=0.79$

$\hat{p}=135/164=0.82$

$z=(0.85-0.79)/\sqrt{0.82\times0.18\times164/6580}$

$=0.060/0.060=1$

和夫「（喜びに溢れて）よし，ど真ん中じゃ！」

颯太「（心の声）ど真ん中は0になるんだけど。まぁ，いいか」

和夫「誰がどう見たって，このz値の1は$-2 \leq z \leq 2$の範囲内じゃ。仮説は採択された。つまり，二つの森の魅力に差は無いんじゃ」

颯太「そういうことになるね」

和夫・（心の声）「思い返してみると，わしの森と進の森はどちらも人工林。木の太さや高さもさして変わらん。そもそも魅力に差がある方が不思議なんじゃ」

ナレーション「その時である。偶然にも再び進が和夫の前を通りかかった」

和夫の前を通過しようとして立ち止まる，進。

進「元気でやっとるか？」

進・（心の声）「和夫は自身の森に魅力がないことが証明され，さぞかし落ち込んどるじゃろう」

和夫「おう。ぼちぼちやっとるよ」

和夫・（心の声）「進の奴，わしの森よりも自分の森に魅力があると勘違いしとる。可哀想な奴じゃのう」

ナレーション「この検定結果については後日，和夫が直接進に話すことになる。当然ながら一悶着あるが，それはまた別の物語である」

2）比率の差の検定２　比率の差の検定－カイ二乗分布

ナレーション「ある日のこと。颯太は森の中で菜摘や女子たちにこんな話をした」

○森の中（午後）

綺麗に枝打ちされた木を丁寧に眺める，颯太。

颯太「ある作業をして結果が変わったかどうかを比べるときにはカイ二乗分布を使うんだ」

琴音「颯太さん。そのカイ二乗検定，教えていただけませんか？」

琴音の声を皮切りに一斉に颯太の方を向く，菜摘，女子たち。

颯太「さっきは枝打ちについて誤解させちゃって悪かったよ。例えば，ある病気に効く薬剤を撒いた森と撒かなかった森で効果があるかないかを検証するにはどうすればいいと思う？」

ハンナ「基本かもしれないけど•••。比べますよね。撒いた森と撒かなかった森で病気になった木の本数を比較することでしょうか」

颯太「そうだよね。そこで使うのがカイ二乗検定なんだ。この検定にかけ，その結果を見れば効果があったのかなかったのかが科学的に分かるんだよ」

ハンナ「凄い。それって，みんなが知りたいことですよね」

美咲「教えてください」

颯太「では，今日はカイ二乗検定について説明します」

颯太「まず，「Ｌである」もしくは「Ｌでない」を決めよう。そして，その結果を「Ｍである」もしくは「Ｍでない」とする」

　　ホワイトボードに書いて説明する，颯太。

○Ｌである	}	○Ｍである
○Ｌでない		○Ｍでない

美咲「ＬとかＭだと分かりにくいです。具体例で教えて欲しいんですけど…」

颯太「そうだね。じゃあ，薬剤の使用をＬ，病気の発症をＭにしよう。薬剤を使用したはＬである，薬剤を使用しないはＬでないとなる。そのうち，病気が発症したらＭである，病気が発症しなかったらはＭでないということになる」

ハンナ「なるほど」

颯太「これを表にすると次のようなる」

ハンナ

(こっちが先→) (こっちが後↓)	Lである	Lでない	合計
Mである	a	c	a + c
Mでない	b	d	b + d
合計	a + b	c + d	a + b + c + d

　思い付いたように発言する，菜摘。

菜摘「前にお父さんが試供品の薬剤を木に撒いたことがあったの。先日，薬剤を撒いた木々を見に行ったら，病気になっていた木が60本中10本。50本は病気にならなかったわ。ただ，130本ほど撒けなくて，そこでは30本が病気になった。100本は大丈夫だったわ。今颯太が言った表にするとこうなるわね」

　ホワイトボードに表を書く，菜摘。

(こっちが先→) (こっちが後↓)	薬剤を使った	薬剤を使わなかった	合計
病気になった	10	30	40
病気にならなかった	50	100	150
合計	60	130	190

颯太「しっかり記録をとっていたんだね。統計学ではとても大事なこと」

菜摘「うちのお父さん，昔から何かあるとデータをノートに書くのよ。颯太が統計学を扱えるって知ってから，私もなるべくデータを記録するようにしたわ」

絢芽「データって役立ちますよね。無機質な数字に見えて，物語が隠されているようです」
颯太「そうかもしれないね。ちなみにカイ二乗は次の数式で計算されるよ」

$$\chi^2 = \frac{(a+b+c+d)(ad-bc)^2}{(a+b)(c+d)(a+c)(b+d)}$$

菜摘「上の数式に当てはめれば，そのカイ二乗って数字が求められるの？」
颯太「うん。まずは先にカイ二乗値を求めて欲しい。次の話はそれからだね」
菜摘「分かったわ」

菜摘

$$\chi^2 = \frac{(190)(1000-1500)^2}{(60)(130)(40)(150)}$$
$$= 1.0149$$

菜摘「1.0149になったわ」
颯太「そうだね。次に自由度を求める」
菜摘「自由度って前にもあったよね。確か標本の大きさ－１だったような…」
颯太「そうだね。自由度は統計分析でたびたび登場する概念なんだ。カイ二乗検定での自由度は表を描いた上での「(行の数－１)×(列の数－１)」を指すんだ」
ハンナ「表にしていることが前提なんですね」

菜摘「(表をちらりと見て) だったら，自由度は１ね。表は２行２列だもの。
「(２－１)×(２－１) ＝１」ね」
颯太「次はカイ二乗検定の信頼区間を考える」
ナレーション「ポケットから紙切れを取り出す颯太。表が書かれている」
絢芽「その表，何ですか？」

カイ二乗分布〔片側 (右側)分布〕

n ＼ p_r	0.500	0.250	0.100	0.050	0.025	0.010	0.005
1	0.454937	1.32330	2.70554	3.84146	5.02389	6.63490	7.87944
2	1.38629	2.77259	4.60517	5.99147	7.37776	9.21034	10.5966
3	2.36597	4.10835	6.25139	7.81473	9.34840	11.3449	12.8381
4	3.35670	5.38527	7.77944	9.48773	11.1433	13.2767	14.8602
5	4.35146	6.62568	9.23635	11.0705	12.8325	15.0863	16.7496
6	5.34812	7.84080	10.6446	12.5916	14.4494	16.8119	18.5476
7	6.34581	9.03715	12.0170	14.0671	16.0128	18.4753	20.2777
8	7.34412	10.2188	13.3616	15.5073	17.5346	20.0902	21.9550
9	8.34283	11.3887	14.6837	16.9190	19.0228	21.6660	23.5893
10	9.34182	12.5489	15.9871	18.3070	20.4831	23.2093	25.1882
11	10.3410	13.7007	17.2750	19.6751	21.9200	24.7250	26.7569
12	11.3403	14.8454	18.5494	21.0261	23.3367	26.2170	28.2995
13	12.3398	15.9839	19.8119	22.3621	24.7356	27.6883	29.8194
14	13.3393	17.1170	21.0642	23.6848	26.1190	29.1413	31.3193
15	14.3389	18.2451	22.3072	24.9958	27.4884	30.5779	32.8013
16	15.3385	19.3688	23.5418	26.2962	28.8454	31.9999	34.2672
17	16.3381	20.4887	24.7690	27.5871	30.1910	33.4087	35.7185
18	17.3379	21.6049	25.9894	28.8693	31.5264	34.8053	37.1564
19	18.3376	22.7178	27.2036	30.1435	32.8523	36.1908	38.5822
20	19.3374	23.8277	28.4120	31.4104	34.1696	37.5662	39.9968
21	20.3372	24.9348	29.6151	32.6705	35.4789	38.9321	41.4010
22	21.3370	26.0393	30.8133	33.9244	36.7807	40.2894	42.7956
23	22.3369	27.1413	32.0069	35.1725	38.0757	41.6384	44.1813
24	23.3367	28.2412	33.1963	36.4151	39.3641	42.9798	45.5585
25	24.3366	29.3389	34.3816	37.6525	40.6465	44.3141	46.9278
26	25.3364	30.4345	35.5631	38.8852	41.9232	45.6417	48.2899
27	26.3363	31.5284	36.7412	40.1133	43.1944	46.9630	49.6449
28	27.3363	32.6205	37.9159	41.3372	44.4607	48.2782	50.9933
29	28.3362	33.7109	39.0875	42.5569	45.7222	49.5879	52.3356
30	29.3360	34.7998	40.2560	43.7729	46.9792	50.8922	53.6720
40	39.3354	45.6160	51.8050	55.7585	59.3417	63.6907	66.7659
50	49.3349	56.3336	63.1671	67.5048	71.4202	76.1539	79.4900
60	59.3347	66.9814	74.3970	79.0819	83.2976	88.3794	91.9517

70	69.3344	77.5766	85.5271	90.5312	95.0231	100.425	104.215
80	79.3343	88.1303	96.5782	101.879	106.629	112.329	116.321
90	89.3342	98.6499	107.565	113.145	118.136	124.116	128.299
100	99.3341	109.141	118.498	124.342	129.561	135.807	140.169
y_r	0.0000	+0.6745	+1.2816	+1.6449	+1.9600	+2.3263	+2.5758

出所：水野哲夫著，前掲書，p.281

颯太「これは自由度と信頼区間を対応させた表だよ。カイ二乗検定で自由度１の信頼区間95%だから片側だけで0.05だ…つまり，3.84になるね」

菜摘「3.84？」

颯太「うん。これがさっき計算したカイ二乗値と比較する数値になる。今回の場合，この3.84より大きければ差がある，なければ差がないって考えるんだ」

菜摘「なるほど。さっきの計算結果は1.0149だったわ」

琴音「つまり…，差がないってことなんですね」

ホワイトボードに歩み寄り数式を書く，琴音。

琴音

$$\chi^2 = \frac{(190)(1000-1500)^2}{(60)(130)(40)(150)}$$

$$= 1.0149 \leqq 3.84$$

カイ二乗検定の結果に対して浮かない顔をする，菜摘。

菜摘「本当ね。残念だけど仕方ないわ。実はお父さん，この試供品の薬剤は効果があるって信じて，大量に注文しちゃったのよ」

琴音「（困った様子で）え。そうだったんですか•••」

菜摘「私も注意したんだけどね。聞いてくれなかったのよ」

琴音「もしかしたらクーリングオフできるかもしれませんよ」

菜摘「そうね。でも，カイ二乗検定っていう便利な分析を教わることができたわ。間接的な授業料だったって考えることにするわ」
ナレーション「この日，少し浮かない気持ちのまま解散する一同であった」

2．平均値の差の検定

ナレーション「和夫は常々計算して記録していることがある。それは和夫の森に生えている木は1本あたりいくらで売れているか，という情報である」

○和夫の家（夜）

机に向かい電卓を叩いて計算をする，和夫。

和夫・（心の声）「だいたい，わしの森に生えている木は１本あたり１㎥前後ある。長年の経験があるからの。木の高さ太さを見れば，それが丸太になって積み上がった風景くらい容易に目に浮かぶわい」
和夫「先月は平均して１本あたり22000円。まぁ，上出来なところじゃろ。ここ何十年，立木の値段は右肩下がりじゃ…」
ナレーション「和夫は十分に承知しているが，丸太の価格は変動が激しい。同じ木であっても売るタイミングによって値段が付いたり付かなかったりする。最も値段が高いときに木を伐って売りに出すこともまた，林業家に求められる能力の一つである」

○進の家（夜）

ナレーション「同じ頃，進の家では…」
進「よし，先月は平均して１本あたりちょうど20000円じゃ。キリが良くていいの」
ナレーション「進もまた和夫と同じように木１本あたりが平均いくらで売れたかを計算していた」

遠くにある和夫の森を見て物思う，進。

進・（心の声）「見れば見るほどにわしの森と和夫の森は様子が似ておる。先月，わしが１本あたり20000円で売れたっていうことは，きっと和夫の森の木も同じくらいの値段で売れておる。いや，待てよ。前回，わしの森の木の方が太く高かった。そう言うことは，わしの森の木の方が和夫の森の木よりも高く売れておるはずじゃ。よし，明日，それとなく聞いてやろう」

○和夫の森（昼）

昼食休憩をしている和夫，颯太の前に歩み寄ってくる，進。

進「(辺りの木々を見渡して）和夫よ。お前さんとこの木々は立派じゃが，だいたい１本あたりいくらの値が付いておるんじゃ？」

和夫「(呆れた顔で）値段？何を今更言っておるんじゃ。木の値段なんて，わしらがどうこう言っても無駄じゃ。市場が勝手に決めるんじゃ。わしらは最も木の値段が高くなりそうなタイミングを見計らって伐る，ただそれだけじゃろうが」

和夫の呆れ顔を見て不機嫌になる，進。

進「(小馬鹿にした様子で）ああ，そうじゃった。ただ，もし同じタイミングで木を伐って売ったら，きっとわしの木の方が高い値がついてしまう気もするの。わしの森の木の方が高くて太いからの」

和夫「(怒って）な，なにお～！」

いがみ合う進と和夫に割って入る，颯太。

颯太「まあまあ，進おじさん。一体，何があったんですか？」

進「いや，わしはただ，先月，お前さんとこの森の木が１本いくらで売れたのか聞きたかっただけじゃ」

進の理由を聞き，呆れかえる颯太。

和夫「(笑いながら）何じゃ。要するにわしと喧嘩したかっただけじゃな」

ナレーション「実に仲の良い二人である」

地面に腰掛け，丸くなって向き合う，進，和夫，颯太。

進「先月，わしの森から出た木は，１本あたり20000円じゃった。お前んとこはどうじゃ？まさか１本も木を搬出してないとかは言わんじゃろうな」

和夫「馬鹿いえ。ちゃんと搬出しておるわ。それも１本あたり22000円で売れておる」

進「（驚いて）22000円！嘘じゃろ？わしより2000円も高いじゃないか」

和夫「何が，嘘じゃろ？じゃ。当然じゃ，わしの森の木の方が，お前さんの森の木よりも価値があるんじゃ。お前さんの森の木の方が高く太いかもしれんが，木部が割れていたり，芯が腐っていたら価値は下がる。それに曲がって生えている木より，まっすぐな木の方が価値が付きやすいからの」

進「そんなの，当然に知っておる。スギよりもヒノキの方が高い。広葉樹はピンキリじゃが，上手に売り捌けば良い値段になることもある。そんなの，林業家の常識じゃ」

和夫「まぁ。しかし，同じ月に丸太として売ってわしの方が2000円も高く売れた。これは…，つまり，わしの木の方に価値ありと市場が判断したんじゃないかの？」

進「馬鹿いえ。そんなはずあるか！それに和夫よ。先月は何本くらい木を伐って売ったんじゃ？」

和夫「先月は150本じゃ。例の台風で木が数本ほど倒れてしまっての。それを除去する意図も含めて上手に道付けをした。結果，キリよく150本きっかりを搬出したんじゃ」

進「あぁ，先月の強風にはやられたの。あちこちの木が丸ごと倒されちまった。木を倒したまま放置はできんからの。病害虫の温床になって周囲の木々を枯らすことだってある。わしも丁寧に道を付けて倒れた木を除去した。搬出の数はちょうど170本じゃ」

和夫「強風などの気象害ばかりは仕方ないの。木が太く育ち，あまり高くならなけりゃ問題ないんじゃがの。うちの木は立派に根を張り倒れにくい方ではあると思うんじゃが，やはり自然災害が林業の天敵であることに変わらんの」

進「ここは林業家ならきっと皆同じ意見になるの。気象害のほか，シカやネズミ，害虫なんかにも困らされる。わしは，先月の台風をきっかけに改めて効率的な道付けについて考えてみたんじゃ。１回や２回だけ木を伐るために使う道ではなく，何回も何回も使える道じゃ。森の中にどんな道があれば機械が入って行きやすいか，木を植えたり伐ったりするときに利用できるか，真剣に考えてみたんじゃ」

和夫「それはわしも同じじゃ。何回も何回も使える道となると，丈夫な道であることが要求される。例えば，雨が降って水が溜まると道が決壊する。そんなとき，どうやって水を道の外へ逃がすかが重要じゃ」

ナレーション「二人は争うことを忘れ，しばらく林業について話し合った」

思い出したように電卓を取り出して計算を始める，進。

進「なんじゃ，和夫よ。先月はたった3300000円しか木が売れておらんの。１本あたりの平均が22000円で150本だけ売った。単純に計算して3300000円じゃ。それに対して，わしは20000円の木を170本売った。つまり，売り上げは3400000円じゃ」

得意になる，進。

和夫「くだらん。今回の喧嘩はどっちの森の木の方が価値があるかじゃろ。わしは22000円，お前さんは20000円で決着はついたんじゃ」

自信満々に颯太の方を見る，進。

進「もしかしてじゃが，誤差の範囲かもしれんぞ」

和夫「急になんじゃ。そんなの言いがかりじゃ！」

進「そうかの。確か，誤差は計算してみないと分からん。先日，そんなことを言ってアンケート結果に差が無いと主張した奴がおった気もするが…」

和夫「（悔しそうに）あい分かった。颯太，計算して有意差ってのを進に示してやって欲しい」

颯太「…え」

呆気にとられる，颯太。

ナレーション「まるで予想しなかった方向から統計的な判断を求められた颯太」

颯太「（落ち着きを取り戻して）有意差があるかどうかは計算してみるまで分からない。差はあるかもしれないし，ないかもしれない。どちらの結果になっても大丈夫？」

　　黙って頷く，進，和夫。

颯太「分かった。これまでの状況を整理すると，このようになるね」

　　地面に木の棒で文字を書き始める，颯太。

【売った木の本数】

進　170本

和夫　150本

【売った木１本あたりの平均価格】

進　20000円

和夫　22000円

颯太「確認になるけど，今回比較するのは進おじさんの森と親父の森に生えている木々の平均価格の比較だね。価格は変動しているから，あくまで先月時点での価格の比較ってことになるけど」

進「そうじゃ。間違いない」

颯太「なら，森に生えている木々が母集団，先月に売った木々が標本ってことになる。標本の平均値を比較して，母集団の平均値にも差があるかどうかを考える。いわゆる平均値の差の検定にあたる」

和夫「そうじゃな」

颯太「（少し間を置いて）今回，この検定を行うにあたり，ある仮定が必要になる。それは進おじさんの森と親父の森の木々の価格についての分散が等しいということ。統計学の言葉を使うと母集団の分散，つまり，母分散が等しいと仮定する」

和夫「わしと進の森の木々の価格の分散が等しいというと…。わしの森にも，細くて安い木や銘木と言われる高価な木がある。森に生えている木々の価格はピンキリで，かなりの幅がある。それと全く同じだけの価格の幅が進の森にもあるって考えればいいのかの？」

颯太「そう。その通り。二人の森に生えている木々の価格の分散（母分散）を調査するのは，ほぼ不可能だね。ここでは少し大胆に母分散は同じと仮定するんだ」

進「なるほどの。わしはその母分散が同じという仮定に賛成じゃ。これは調べられるもんじゃない。だったら，同じと仮定しておいた方が有意義じゃ」

颯太「異論は無いね。話を続けるよ。次に進おじさんが先月に売った木々の分散と，親父が先月に売った木々の分散を計算する。つまり，標本の分散を求める」

進「分散の求め方は…，確かこうじゃったの」

再確認するように地面に分散の求め方を書く，進。

【売った木々の価格の分散（標本分散）の求め方：簡単化のため不偏分散ではなく標本の大きさで割った。】

{(1本目に売った価格－売った木1本あたりの平均価格)^2＋（2本目に売った価格－売った木1本あたりの平均価格)^2＋（3本目に売ったの価格－売った木1本あたりの平均価格)^2…＋（n本目に売った価格－売った木1本あたりの平均価格)^2}÷n

（進）

売った木1本あたりの平均価格＝20000

n＝170

（和夫）

売った木1本あたりの平均価格＝22000

n＝150

進「よし。この計算式で大丈夫じゃ」

和夫「そうじゃったな。今から計算するから待っておれ」

ナレーション「二人は几帳面なことに売った木々の価格を１本１本メモに取り，それを車に積んで山奥まで持ち歩いている」

電卓を片手に計算をする，進，和夫。

新しい数式を地面に書き始める，颯太。

ナレーション「分散の計算には時間がかかる。しばし，時が流れる」

和夫「よし，求まった。わしの標本分散は4000000じゃ」

進「こっちも求まった。標本分散16000000じゃ」

颯太「求まったようだね。では，今回，進おじさんの木々の値段の標本分散を s_1^2，親父の木々の値段の標本分散を s_2^2 とする。平均値は $\overline{X}$ で表すのが一般的だね。進おじさんの売った木１本あたりの平均価格を $\overline{X}_1$，親父の売った木１本あたりの平均価格を $\overline{X}_2$ とする。標本の大きさ，つまり，今回で言うところの売った木々の数は n で表す。進おじさんの標本の大きさは n_1，親父の標本の大きさは n_2 とする」

和夫「これらの数字は全て求まっておるの。わしに関して言えば，まず s_2^2 が4000000。$\overline{X}_2$ が22000円。n_2 は150本じゃ」

進「同じく，わしも求まっておるぞ」

颯太「そうだね。じゃあ，この式に数値を代入して計算して欲しい。複雑に見える式だけど，具体的な数値が求まってから見ると，そんなに難しい計算じゃないと思う」

地面に書かれている数式を指さす，颯太。

$$t = (\overline{X}_1 - \overline{X}_2) / \sqrt{(n_1 s_1^2 + n_2 s_2^2) / (n_1 + n_2 - 2) \times (1/n_1 + 1/n_2)}$$

$\overline{X}_1 = 20000$

$\overline{X}_2 = 22000$

$n_1 = 170$

$n_2 = 150$

$s_1^2 = 16000000$

$s_2^2 = 4000000$

進「何とか解けなくはないが，また難しい式じゃのう。一体，この数式に何の意味があるんじゃ」

颯太「そうだね。でも，まずは数式の複雑さに惑わされず，正確にｔの値を求めて欲しい」

進「わかった」

黙って計算を始める，進，和夫。

颯太「このｔの値が $-2 \leq t \leq 2$ だったら進おじさんの森の木々の平均価格と親父の森の木々の平均価格，つまり母集団の平均に差が無かったことになる。反対に，そうでなかった場合には差があったことになる」

和夫「帰無仮説じゃ。最初に差が無いだろうと仮定して考えるんじゃ」

$$t = (20000 - 22000) / \sqrt{(170 \times 16000000 + 150 \times 4000000 / (170 + 150 - 2) \times (1/170 + 1/150)}$$

だから，ｔ値は次のようになる。

$t = -5.5254$

颯太「tが$-2 \leq t \leq 2$だったら『差がない』だから，それからはずれているね。残念だったけれど差があったんだ」

進はしゅんとなってしまった。

和夫「(驚いて) −5.5254じゃと！またマイナス2よりも小さい数値になったの」

進「そうじゃな。これはもう$-2 \leq t \leq 2$に収まらなかったの」

和夫「なるほどの。悔しい，ここまで証明されちまうと認めざるをえないの」

ナレーション「この日の進と和夫の争いは決着がついた。悔しがる進であった」

3．標本の大きさの決定

菜摘

1）平均値の場合

○和夫と颯太の家の前（昼）

ため息をつきながら颯太の家の前をウロウロする，菜摘。

菜摘「(ため息をつきながら) あぁ，困った。私でもできると思って引き受けちゃったよ…」

ナレーション「颯太に統計学を習い，自信を付けていた菜摘。思わず役場からの統計依頼を引き受けてしまっていた」

菜摘・(心の声)「統計の基本中の基本かもしれないんだけど，今まで聞いてこられなかった。今さら教えて欲しいなんて聞きにくいし…」

悩みながら颯太の家の前を歩き回る，菜摘。

菜摘と同じように困った顔で登場する，琴音。

琴音

琴音「(ため息をつきながら) 困った。こんな簡単な質問をされるなんて思わなかったわ。どうしよう。いい加減なことを言うわけにもいかないし」

驚いた様子で顔を見合わせる，菜摘，琴音。

琴音「(慌てた様子で) あれ，菜摘さん…」

菜摘「(慌てた様子で) あら。琴音さん，久しぶりね。今日はどうしたの？」

琴音「実は…」

ナレーション「事情を説明する琴音。統計を身につけたことで自信を持った琴音。近隣の林業家にボランティアで統計アドバイスをして歩いていたのだ。その過程で役場からの依頼まで引き受けてしまったという」

菜摘「役場からの依頼って，もしかして土居村？」

琴音「（驚いて）そう，土居村の林務課の方からです」

菜摘「（驚いて）えー！実は私もなのよ。土居村林務課にいる井草君，実は私と同じ高校に通っていたの。この前同窓会があって，うっかり『統計ができる』なんて話しちゃったら『是非』ってお願いされちゃったの。みんなの前で断るわけにもいかなくて…」

琴音「そうだったんですね。あれ？菜摘さんって颯太さんと同じ高校でしたよね？その場には居なかったんですか？」

菜摘「そうなのよ。颯太の奴，同窓会とかはめったに顔を出さないの。クラスのみんなは颯太に会いたがっているのに…。何より，あの場に颯太が居れば私もみんなの前で『統計ができる』なんて言わなかったわ。そうすれば，こんな依頼を引き受けることもなかったと思うの」

琴音「なるほど。颯太さんに統計学を教わった話はしていないんですか？」

菜摘「（笑いながら）うん。颯太に習ったなんて言うと逆に信じて貰えないから」

琴音「あ。そう言えば，高校時代は颯太さんってあまり勉強できないんでしたよね。菜摘さんの方がずっと成績良かったって聞きます」

菜摘「（笑いながら）そうね。勉強で負けたと感じたことはなかったかなー。まさか教わる日が来るなんて思わなかったわ」

　　笑い合う，菜摘，琴音。

琴音「でも，これで気が楽です。一緒に颯太さんに聞きに行きましょう」

菜摘「そうね。でも，依頼の内容を整理しましょう。私と琴音さんが受けた依頼が本当に同じかどうか」

琴音「そうですね」

菜摘「私は土居村の所有する森の木の太さを推定して欲しいと頼まれた。前に教わった信頼区間95％でね。要するに95％の確率で平均値が何㎝かを知りたいらしいの」

琴音「私も同じでした。この話なら私でもできると思っていたんですけど…」

菜摘「そうなのよ。私もそう。てっきり調査したデータがあると思って見せてもらおうと思ったら，これから調査するって言われて…。何本調査すれば良いですかって聞かれたの」

琴音「そうなんです。しかも，木の太さの標準偏差は25cm，誤差を５cm以内でっていう条件付きで…」

菜摘「それが問題よね。標準偏差25cmという数値は昔に精密な調査をしたらしく，間違いないらしいの。それを活用して誤差５cmの95%信頼区間内で平均値を知りたいと言われても…」

琴音「そうなんです。まさかこんな聞かれ方をするとは思わなかったです。でも，何本調査すれば良いかっていうのは統計の基本ですよね」

情報をルーズリーフに整理する，菜摘，琴音。

> 標準偏差　25cm（※過去の調査から判明）
>
> 95%信頼区間（誤差５cm）を知るための標本の大きさは！？
>
> （言い換えると…）
>
> “95%の確率で「X－５cm～X＋５cm」の太さ”と言えるために必要な標本の大きさは！？

菜摘「そうね。まさしく知りたいのはこの情報」

琴音「質問したい事項もばっちり整理できましたね。あとは颯太さんに聞くだけです」

颯太「もう聞いてるよ」

ナレーション「突然にドアの奥から颯太の声がする」

ルーズリーフを手に持って登場する，颯太。

颯太「話はドア越しに聞かせてもらったよ。はい」

手に持っていたルーズリーフを二人に手渡す，颯太。

颯太「区間推定の公式，覚えているかな」

$$-2 \leq \frac{\overline{X}-\mu}{\frac{\sigma}{\sqrt{n}}} \leq 2$$

n：標本の大きさ（サンプルサイズ）

標本平均値：$\overline{X}$

母集団の平均値：μ

母集団の標準偏差：σ　　（母集団の分散：σ^2）

颯太「今回のように標本の大きさを考える場合，この数式を逆に考えるんだ」

菜摘「(困惑ながら) 逆に？」

颯太「見ていてね」

ルーズリーフに解説を書き足していく，颯太。

この式を$\overline{X}-\mu$について書き換えると

$$-2\frac{\sigma}{\sqrt{n}} \leq \overline{X}-\mu \leq 2\frac{\sigma}{\sqrt{n}}$$

になる。

次に，標本平均と母集団の平均値の差（$\overline{X}-\mu$）をいくつにしたいか決める。

ここでは標本平均と母集団の平均値の差（$\overline{X}-\mu$）をLに置き換えよう。

標本平均と母集団の平均値の差（$\overline{X}-\mu$），つまり，Lが誤差にあたる。

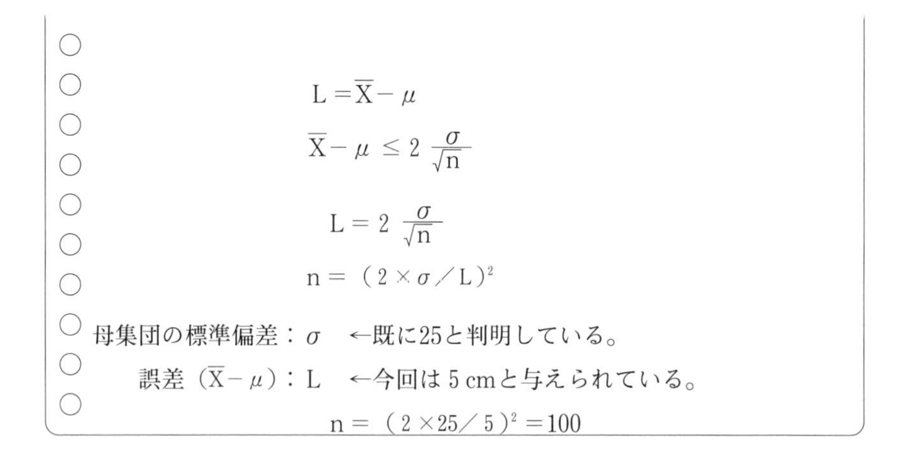

$$L = \overline{X} - \mu$$

$$\overline{X} - \mu \leq 2 \frac{\sigma}{\sqrt{n}}$$

$$L = 2 \frac{\sigma}{\sqrt{n}}$$

$$n = (2 \times \sigma / L)^2$$

母集団の標準偏差：σ　←既に25と判明している。

誤差（$\overline{X} - \mu$）：L　←今回は５cmと与えられている。

$$n = (2 \times 25 / 5)^2 = 100$$

颯太「nは100。どう？ついて来られたかな」

琴音「はい。大丈夫でした。なるほどって思いました」

菜摘「わたしも納得できたわ。100ってことは100本以上を調査すれば良いのね。ありがとう。助かったわ」

琴音「私も助かりました」

２）比率の場合

琴音「あれ。颯太さん，まだ他に資料を持っていますね。何なんですか？」

颯太「そうそう。実は，ちょうど今，同じような質問を公園管理財団からもされていてね」

菜摘「公園管理財団？何かあったの？」

颯太「昨年，公園の一部に苗木を植えたらしいんだ。苗木を植えたら当面の間は周囲に生える草を刈り払う必要があるよね」

琴音「はい。当面と言っても数年以上もかかる大切な作業ですね」

颯太「公園管理財団はその刈り払い作業を地域のボランティアに委託したそうなんだ。地域ボランティアだからね。上手に刈り払う人も居れば，間違って苗木を刈ってしまう人もいる」

琴音「（頷きながら）分かります。背の高い針葉樹ならまだしも，背の低い広葉樹なんかだと雑草と見分けがつきませんもん」

菜摘「そうね…。長年作業に携わっているベテランならまだしも」

颯太「そうだよね。でも，それは公園管理財団も理解している。その地域ボランティアは過去の統計から3%くらいは間違って刈ってしまうらしいんだ」

琴音・（心の声）「３％ですか…。どんな場所を刈り払っているのか分かりませんが，100本中たった3本と考えると優秀なボランティアではないでしょうか•••」

颯太「まぁ。依頼された内容は二人と同じ。『３％は間違って刈られてしまう（母比率３％）』というデータを前提にして，何%が間違って刈られているか知りたいらしい。その比率を求めるのではなく，その調査のために何人を調べればよいのかの標本の大きさを知りたいってことだね。誤差は0.5%でね」

菜摘「でも，何%が間違って刈られているかを調査したいなんて，少し珍しいわね」

颯太「きっと最悪の状況が知りたいんだと思う。もし1000本植えたうち95%の確率で5.5%が間違って刈り払われていたとして，最悪でも945本は無事って考えられるからね。最悪の状況を考えて，どう対策を講じるか考えるんじゃないかな」

菜摘「考え得る悪い状況を想定して対策を講じようとしているのね。統計っていろいろな使い道があるのね」

颯太「この数式が比率の区間推定だったけど，覚えているかな？」

　　ルーズリーフに書かれた内容を菜摘，琴音に見せる，颯太。

比率の区間推定

$$\hat{p} - 2\sqrt{p(1-p)/n} \leq p \leq \hat{p} + 2\sqrt{p(1-p)}$$

p：全体の平均比率

p̂：標本の平均比率

n：標本の大きさ

琴音「あ。思い出しました。そうだったんですよね。具体的な数量だけでなく，比率も区間推定できることには驚かされました」

颯太「標本の大きさを決めなければいけないから，次のように書き換える」

$$-2\sqrt{p(1-p)/n} \leq p - \hat{p} \leq 2\sqrt{p(1-p)/n}$$

誤差を「$p - \hat{p} = L$」と置き，実験者がLをどれくらいの比率以内に収めたいかを決める。

$$L = 2\sqrt{p(1-p)/n}$$

nについて解く。

$$n = p(1-p)(2/L)^2$$

p：全体の平均比率

n：標本の大きさ

L：実験者が求める誤差

颯太「このnを解いた値が必要な標本の大きさになるんだ」

琴音「なるほど…。先に使う数式を決めて，それが上手く機能するだけの標本の大きさを集めればいいんですね」

颯太「そうだね。数式によって必要な標本の大きさは変わってくる。まぁ，標本は大きければ大きいに越したことはないけどね」

菜摘「この数式に当てはめて，公園管理財団が最低何本の木を調べる必要があるのか計算してみるね」

慣れた調子で計算をする，菜摘。

菜摘

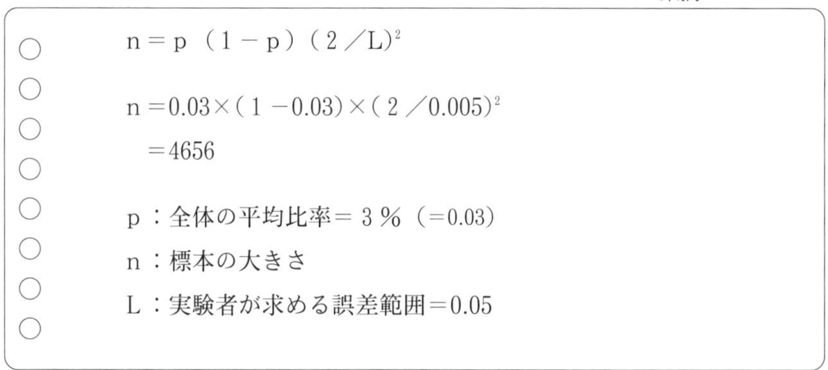

$n = p(1-p)(2/L)^2$

$n = 0.03 \times (1-0.03) \times (2/0.005)^2$

$= 4656$

p：全体の平均比率＝3％（＝0.03）

n：標本の大きさ

L：実験者が求める誤差範囲＝0.05

菜摘「できたわ。必要な標本の大きさは4656本ね。ものすごく大きい数字ね」

颯太「そうだね，誤差を小さく設定したからだよ。さっそく公園管理財団に伝えにいくとするよ」

菜摘と琴音に見せていたルーズリーフを手に持ち，その場を歩き去る，颯太。

第5章　回帰分析

1．線形関係

○和夫・颯太の家の前（朝）

　　ワンボックスカーの運転席に座って新聞を読んでいる，洋。

　　家の扉の前に集合している，女子たち。

ナレーション「朝から元気な女子たち。今日は洋の家に行くために和夫の家の前に集合したのだった」

琴音「洋さんは，木を伐るだけでなく，キノコの栽培もしているんですね」

菜摘「そうなのよ。森には木が生えているだけでなくキノコや山菜なんかも生えているでしょ。これらも商品になるのよ」

和夫「そうじゃな。きのこや山菜なんかは特用林産物と呼ばれたりするの」

美咲「特用林産物ですか…」

絢芽「森から得られる収入は木だけじゃないんですね」

菜摘「そうよ。林業をやるなら木に詳しいだけじゃなく，山菜にも詳しくならなきゃね」

絢芽「はい。今日は洋さんにキノコ栽培を見学させてもらおうと思っています」

　　遅れて登場する，和夫，颯太。

和夫「（頭を掻きながら）いやぁ。すまん，すまん。こいつがいつまでも起きんくての」

颯太「（あくびをしながら）やぁ，みんな。おはよう」

ハンナ「颯太さん。おはようじゃないですよ！みんなずっと待ってたんですから」

颯太「ごめんごめん…」
和夫「本当に面目ない」
　　　ワンボックスカーに荷物を詰め込む，菜摘，和夫，颯太。
　　　ワンボックスカーの運転席から降りてくる，洋。
洋「(元気よく）みんな揃ったか？」
女子たち「はーい」
和夫「じゃあ，洋さん。今日はこの子たちをよろしくな。わしはどうしても外せん用事があっての」
洋「任かしとけって」
　　　颯太の方を見ながら去る，和夫。
　　　和夫に対して眠そうに手を振る，颯太。
　　　ワンボックスカーに乗り込む，菜摘，颯太，女子たち，洋。

洋

○洋のキノコ栽培施設
　　　ワンボックスカーから降りる，菜摘，颯太，女子たち，洋。
洋「よーし，着いたぞ。わしはここでキノコを栽培しておるんじゃ」
ナレーション「洋の施設は平屋の一軒家が二つ入るほどの大きさだった」
絢芽「わあ。本当だったんですね。洋さんがキノコを育てて売っているって」
洋「何を驚くことがある。木を伐って売るだけが林業家の収入じゃないんじゃ。わしはこうやってキノコも育てておる」
ナレーション「皆は殺菌用の服をはおり，念入りに殺菌をして施設の中に入る。洋に案内されて薄暗い部屋に着くと，瓶のようなものが沢山並べられている」
洋「これがエノキの栽培なんだよ」
　　　驚いて情景に見入っている，菜摘，颯太，女子たち。
琴音「土で栽培しているんじゃないんですね」
洋「そう。トウモロコシの芯を粉砕したものや米ぬかを混ぜて土代わりにしているんだ」

ナレーション「皆は一生懸命に洋の説明を聞いた。エノキの菌を撒いたばかりの瓶，成長した瓶などを見学して回った。普段見ない光景だけに神秘すら感じる」

施設の入り口の前に戻ってくる，菜摘，颯太，女子たち，洋。

琴音「本当に楽しかったわ。まさか木を伐っている洋さんが，こんなに本格的にエノキを栽培しているなんて思わなかったわ」

ハンナ「まさに林業の多角化ね。私たちも経営を多角化していかなくっちゃ」

多角化経営の話題で盛り上がる，女子たち。

少し浮かない顔をして施設の方を見ている，洋。

浮かない顔をしている洋に気付く，菜摘，颯太。

ハンナ

菜摘「洋おじさん，どうかされたんですか？」

洋「実は，エノキの栽培も大変なんだよ。せっかく盛り上がっているところでこんな話も悪いんじゃが」

絢芽「作るのが大変ってことですか？」

洋「勿論，それもあるんじゃが。経営というのはただ作ればいいってもんじゃないんだ。エノキの価格が高ければ儲かるけれど，価格が低いとあまり儲からん。市場を予測して，エノキの価格が高いときたくさん作る。そして，低いときはあまり作らないようにしているんだ」

菜摘「生産量が価格に左右されるんですね」

颯太「なるほど。エノキの生産量と価格には相関関係があるんですね」

絢芽「相関関係？」

聞きなれない颯太の言葉に思わず反応する，女子たち。

颯太「相関関係とは二つの数量の連動する関係のことさ」

菜摘「数量関係って？どういうことが分かるの？直線的な？」

颯太「そうだなぁ。回帰分析って聞いたことないかな？二つのデータ間の関係を表すときによく使うんだ」

琴音「回帰分析って聞いたことあります。林業の本を読んでいると出てきます。でも，具体的に理解できなくて…」

颯太「統計分析するときの基礎なんだよ。表計算ソフトとかがあれば簡単に求められちゃう」

菜摘「ねぇ。よかったら教えてくれない？その回帰なんとかってやつ」

琴音「私も聞きたいです。是非，教えてください」

女子たちの視線を受けてたじろぐ，颯太。

颯太「わかった。わかったよ。じゃあ，せっかくだしエノキのデータを使って説明しよう」

菜摘「見学したばかりだから，分かりやすい気がする」

洋「パソコン，使うか？よければ事務室に案内するぞ。ホワイトボードもある」

颯太「助かります」

洋「その代わり，（笑いながら）わしにも回帰なんちゃらってのを教えて欲しい」

颯太「お安いご用です」

洋の後に続いて舞台を降りる，颯太，菜摘，女子たち。

○洋の事務室（昼）

長机をロの字に並べている，菜摘。

皆の座る椅子を準備している，女子たち。

ホワイトボードに文字を試し書きしている，颯太。

洋「よーし。パソコンの設定もできたぞ」

奥からノートパソコンを持って歩いてくる，洋。

颯太「ありがとうございます。政府の統計窓口を見ると，いろいろなデータが載っていて便利なんですよ」

そう言ってインターネット検索をはじめる，颯太。

颯太の検索画面を覗き込む，菜摘，洋，女子たち。

ナレーション「颯太は政府の統計窓口から林業の産出物としてエノキの生産額（千万円），エノキの価格（東京中央卸売市場年平均価格円／kg）を表す消費者物価指数を見つける。どちらも平成15年から29年までの15年分のデータが掲載されていた」

美咲「私，政府の統計の窓口のホームページって初めて見ました。いろいろなデータが載っているんですね」

颯太「政府はあらゆる統計をとっているからね。どうやってデータを探すかも，統計学を扱う上で大事な知識なんだよ」

菜摘「（感心して）へー。だから颯太はキノコの生産が林業の領域で，ホームページのどこを開ければデータがあるって分かったんだ」

琴音「言われてみると，そうですよね。言葉で「きのこ」と入力して検索すると，いろいろなデータが出てきます。それらデータが何を示していて，どのように作られたのかまでを知る必要がありますね」

絢芽「颯太さんは統計データを探すにあたっての勉強はしたんですか？」

颯太「大学で勉強したこともあるけど，それ以上にパソコンに向き合って探すことが多かったかな」

菜摘・（心の声）「颯太って昔から変な頭の良さはあったのよね。あれやこれや情報を集めるとか…」

パソコンに表示されたエノキの生産額を指さす，颯太。

颯太「このエノキの生産額のデータ，これをそのまま使うと正しい分析結果が得られないことがあるんだ」

菜摘「え？なんで？政府のホームページの統計なのに間違っているの？」

颯太「ううん。データが間違っているとは少し違う。このような金額のデータには実質値と名目値がある」

琴音「私，本で読んだことあります。名目値からインフレ率を取り除くと実質値になるんですよね」

美咲「名目値？実質値？インフレ率？？」

颯太「例えばだけど，ジュースが1本100円だったとする。それが次の年に150円に上がったら，どう思う？」

ハンナ「うわ！値上がりしたーって思います」

颯太「そうだよね。でも，もしも日本国民全員の給料が２倍に上がっていたらどうかな？それでも「値上がりした」って感じるかな」

美咲「２倍に…ですよね。だったら思わないです。だって，日本国民全員の給料が２倍になったらジュース１本の値段も200円になるのが普通だと思うから。むしろ，安いくらいじゃないでしょうか」

颯太「そう。その考え方が，まさに実質値なんだ」

ホワイトボードの前に立ち解説を始める，颯太。

颯太

（ある年）

物価水準･･･１

ジュースの名目価格･･･100円

ジュースの実質価格･･･100円／１＝100円

（次の年）

物価水準･･･２

ジュースの名目価格･･･150円

ジュースの実質価格･･･150円／２＝75円

菜摘「実質価格は名目価格を物価水準で割って求めるのね」

颯太「そうなんだ。もしも名目価格のままで分析していたら，ジュースは値上がりしたって扱われた。でも実質的には下がっているよね」

ハンナ「そうですね。同じジュースを分析しているはずなのに，結果はまるで正反対になってしまいました。インフレ率を除くというのは，物価水準の変動をなくして考えるって意味だったんですね」

颯太「そう。その通り。実質値だと数量の変化のみに着目した分析ができるんだよ。さらに言うと，物価水準は上がるだけじゃなく下がりもするけど，どちらの場合もインフレ率を除くって表現すればいい」

菜摘「分かったわ。でも，どの物価水準を使えば良いの？あと，ある一定の物価水準を基準にしなきゃいけないと思うけど…」

颯太「そうだね。これは分析する人が考えなければいけない。今回，物価水準のデータとしては農業物価指数（農産物類別年次別価格指数　平成27年＝100）を使って，2015年価格水準で測った実質値に直してみよう」

菜摘「分かったわ。名目データであるエノキの生産額を農業物価指数で割れば良いのね。そうすればエノキの実質生産額が求まる」

ホワイトボードに数式を書く，颯太。

エノキの実質生産額＝エノキの生産額／農業物価指数×100

絢芽「あれ？なんで最後に100を掛けるんですか？」

颯太「これは物価指数の性質を考えて調整したんだ。物価指数は１でなく100を基準にしているから，普通に割り算するとエノキの生産額の単位が100分の１にされてしまう。それを元に戻すために最後に100を掛けているんだ」

絢芽「なるほど」

琴音「これでインフレ率は取り除けたわけですね」

琴音

颯太の扱っているパソコン画面を覗き込む，菜摘，洋，女子たち。

[エノキデータ]

平成（暦年）	生産額実質（千万円）	東京中央卸売市場年平均価格円／kg	平成（暦年）	生産額実質（千万円）	東京中央卸売市場年平均価格円／kg
15	3839.6	286	23	3664.8	228
16	3788.0	286	24	3571.9	246
17	4040.6	267	25	3412.6	243
18	3440.9	316	26	3317.9	250
19	3630.3	287	27	3171.0	260
20	3625.1	301	28	3122.9	235
21	3827.0	248	29	2929.0	204
22	3712.6	233			

ハンナ「平成27年を基準にする意味，実際のデータを見てよく分かりました」

美咲「それにしても，エノキって値動きが激しいんですね。平成27年は260円ですけど，平成18年は316円，平成29年は204円。つまり，平成18年は平成29年の1.5倍近くの値段がしたって意味ですよね」

菜摘「データは表にすると見やすいわね。最初の列が暦年，２列目がエノキの実質生産額，最後の列がエノキの価格ね」

颯太「統計分析は複雑だからね。こうやって表にして整理しておいた方がやりやすいんだ」

琴音「私，表計算ソフトなら使えます」

菜摘「私も使えるわ。今まで簡単な計算や予定表としてしか使ってこなかったけど」

颯太「表計算ソフト，統計分析をする上でとても便利なんだ。素早く正確な計算をしてくれるし，グラフを作成することもできるし。菜摘はグラフの作成できる？」

菜摘「うん，できるわ」

颯太「じゃあ，縦軸にエノキの価格，横軸にエノキの実質生産額を取った散布図を描いてみて欲しい」

菜摘「散布図ね。分かったわ」

表計算ソフトを使い散布図を描く，菜摘。

パソコン画面を覗き込む，洋，女子たち，颯太。

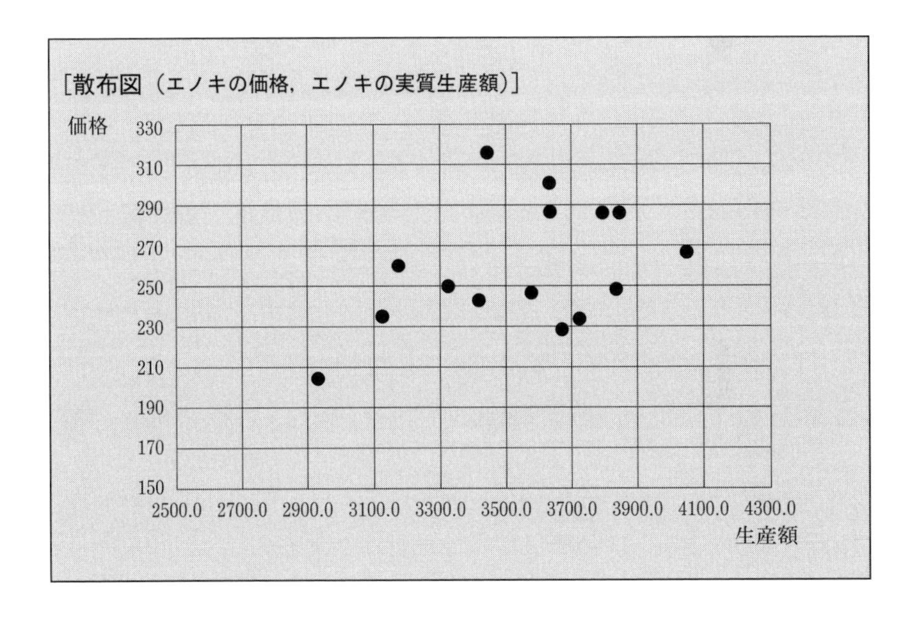

颯太「うん。上手に描けたね。この図を見て気付くことってないかな？」

絢芽「気付いたことですか？」

颯太「さっき，洋さんはエノキ栽培の何が大変って話してたっけ？」

絢芽「あ。そう言えば…，価格が高いときは沢山つくるとか…」

ハンナ「なるほど！右上がりって言わせたいんですね」

颯太「そう。それを言わせたかった」

琴音「縦軸はエノキの価格であってエノキの価格そのもの。横軸はエノキの実質生産額であって，実際に生産した数量になるのね」

菜摘「実質生産額が生産数量を表しているって表現，ちょっと分かりにくいわね。けど，こういう考え方も統計には大事って言うことね」

颯太「もっと単純な例も探せばあるけどね。今日はエノキの見学をしたし，データの扱い方なんかも伝えようと思ってね」

菜摘「ふーん」

洋「そういわれれば右上がりだ。直線の関係で引けるかもしれない」

美咲「私もグラフを見てずっと思っていました。真ん中あたりにいかにもって感じで直線が引けちゃうんじゃないかなって」

散布図上に指で直線を描く，美咲

菜摘「中学校の頃に習った一次関数みたいね。確か，Y＝aX＋bだったわ」

琴音「そうね。右上がりの直線。それも正の傾きね」

颯太「みんな良く気付いたね。今話している内容が，まさしく伝えたかったことなんだ。この散布図からエノキの実質生産額（生産数量）とエノキの価格は，１次式の関係にあることを想定してみよう。１次式の関係のことを線形関係というんだ」

琴音「線形関係ですか。だったら，今菜摘さんが話していた一次関数のY＝aX＋bそのものなんですね」

颯太「そう。まさかこんなに早く気付かれると思わなかったからね。ただ，このような線形の式を統計学ではY＝a＋bXと書く」

颯太

［回帰直線］
Y＝a＋bX

ハンナ「線形関係ですか。なるほど。生産数量は価格に対する1次式の関係を考えるんですね」
颯太「このような数式になると，Xの値が分かればYの値も分かるね。ずばり，YがXの値によって決まってくる関係。このとき“YをXに回帰する”と表現するんだ。だから，このような数式を回帰直線と呼ぶんだ」
菜摘「Yの源流を辿るとまわりまわって，Xにたどり着くということかしら」
颯太「（少し考えて）まあ，そんなところかな。YはXの値に従属するから従属変数，Xは従属していないから独立変数と呼ぶんだ。独立変数Xに従属する形でYの値が決まってくる」
美咲「他にも言い方ってあったりしませんか？説明なんとか…とか」
颯太「お，詳しいね。勉強したのかな。実は別の言い方でYを被説明変数，Xを説明変数と呼ぶこともあるんだ。YはXによって説明される値だからね。統計学や経済学の分野では，この線形関係に対して分析を進めていくんだ」
美咲「へぇ～」

美咲

2．最小2乗法

颯太「さて，二つの数値が線形関係にあることは分かった。次に考えることは，その回帰直線の値をより具体的にすることなんだ。そうしないと，ただ線を描いて終わってしまうからね」
琴音「回帰直線を求めるというのは，Y＝a＋bX のaとbの値を求めることですよね。Xは独立変数，Yは従属変数，そのままで良いはずなので」

颯太「そう。ここで求めるのはａとｂの値。このａとｂが分かれば，Ｘの値から具体的にＹの値を求めることができる」

琴音「確かに，これを応用すればいろいろな分析ができる気がします。でも，どうやって求めるんですか？」

颯太「ａやｂの推定値を求める方法として，この式が説明できていない部分を最小にするようにそれらの推定値を求める方法（最小２乗法）がある」

琴音「教えてください」

ホワイトボードに文字を書く，颯太。

琴音

記号の準備

颯太「もちろん。今から最小２乗法によるａやｂの推定値を計算する方法を教える。ただ，この計算は複雑になるからね。あらかじめ記号の準備をしておいて欲しい」

絢芽「記号の準備？何ですか，それは？」

颯太「後で計算に使うために，あらかじめどのような数値を求めておく必要があるか，一覧にまとめておくんだ。平均値なんかは真っ先に必要になるね」

ホワイトボードに具体的に準備する記号を書く，颯太。

記号の準備

平均値

$\overline{X} = (X_1 + \cdots + X_n)$

$\overline{Y} = (Y_1 + \cdots + Y_n)$

偏差

Ｘの偏差

$x_1 = X_1 - \overline{X}$

$\cdots$

$x_n = X_n - \overline{X}$

Ｙの偏差

$y_1 = Y_1 - \overline{Y}$

$\cdots$

$y_n = Y_n - \overline{Y}$

その他（偏差であらわす）

$S_x^2 = x_1^2 + \cdots + x_m^2$

$S_y^2 = y_1^2 + \cdots + y_m^2$

$S_{xy} = x_1 y_1 + \cdots + x_m y_m$

颯太「ｙとｘは偏差をＹとＸの小文字で表したのさ」

ハンナ「覚えています」

颯太「それでは，回帰直線を特定する方法に入ろう。あてずっぽうにいろいろな直線を手で描くことはできるけれど，ＹとＸの関係を一番うまく表した直線を求める必要があるだろ」

絢芽「もちろんそうですよね」

颯太「その時に使うのが最小２乗法なんだよ。離れている点までの距離が一番小さくするような直線を求める。先ほど話した最小２乗法の結果，その求めた直線の$\hat{a}$と$\hat{b}$は次のように書くことができるんだ」

　ホワイトボードに記号と文字式を書く，颯太。

$$\hat{b} = S_{XY}/S_X^2$$

$$\hat{a} = Y - \hat{b}\,\overline{X}$$

琴音「このハット（＾）の記号は何ですか？」
颯太「これこそ，今求めたがっていた，Y＝a＋bX のａとｂの値なんだ」
琴音「（驚いて）え，じゃあ先ほどの“記号の準備”に従って数値を集めていけば簡単に求められてしまうんですね。もっと複雑で大変なのかと思いました」
颯太「統計学を勉強していくと複雑な式は必要になる。より高度な統計ソフトを使わないと，とても計算できないものも。でも，これくらいなら自力でもできるよね」
琴音「はい」
菜摘「私，今から“記号の準備”に沿って数値を求めて，実際に$\hat{a}$と$\hat{b}$の値を求めてみるわ」
颯太「Y＝ａ＋ｂXの$\hat{a}$と$\hat{b}$の値をパラメータ推定値なんて言うから覚えておいた方がいいかも」
菜摘「わかったわ。パラメータ推定値ね」

　パソコンを操作し，“記号の準備”のとおりに数値を計算する，菜摘。

	生産額実質（千万円）	東京中央卸売市場年平均価格円／kg	Yの偏差	Xの偏差	Yの偏差の 2 乗	Xの偏差の 2 乗	Yの偏差×Xの偏差
15	3839.6	286	300.0	26.7	90001.4	711.1	8000.1
16	3788.0	286	248.4	26.7	61694.5	711.1	6623.6
17	4040.6	267	500.9	7.7	250950.8	58.8	3840.6
18	3440.9	316	−98.7	56.7	9746.8	3211.1	−5594.5
19	3630.3	287	90.7	27.7	8229.5	765.4	2509.8
20	3625.1	301	85.5	41.7	7313.7	1736.1	3563.3
21	3827.0	248	287.4	−11.3	82606.2	128.4	−3257.3
22	3712.6	233	173.0	−26.3	29920.0	693.4	−4555.0
23	3664.8	228	125.2	−31.3	15677.2	981.8	−3923.2
24	3571.9	246	32.3	−13.3	1040.8	177.8	−430.2
25	3412.6	243	−127.1	−16.3	16142.9	266.8	2075.2
26	3317.9	250	−221.7	−9.3	49162.2	87.1	2069.4
27	3171.0	260	−368.6	0.7	135880.9	0.4	−245.7
28	3122.9	235	−416.7	−24.3	173651.6	592.1	10140.1
29	2929.0	204	−610.6	−55.3	372817.8	3061.8	33785.9
平均値	3539.6	259.3			$S_Y^2=$	$S_X^2=$	$S_{XY}=$
					1304836.3	13183.3	54602.1
					b	a	
					4.142	2465.525	

颯太「お。あっという間にできたね」

菜摘「表計算ソフトがあれば簡単よ」

琴音「えーっと。まず，エノキの生産額と価格の平均を出すんでしたよね。左から 2 列目，3 列目の一番下に載ってますね。

$\overline{Y}=3639.6$

$\overline{X}=259.3$

です。」

琴音

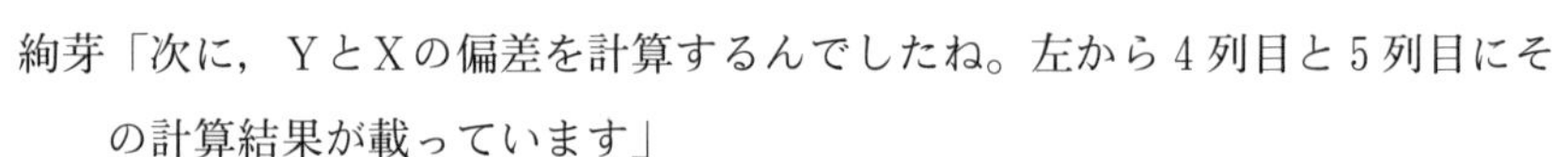

絢芽「次に，YとXの偏差を計算するんでしたね。左から 4 列目と 5 列目にその計算結果が載っています」

ハンナ「YとXの偏差を求めた後は，Yの偏差の 2 乗，Xの偏差の 2 乗，Yの偏差×Xの偏差を計算するんですよね。左から 6 列目，7 列目，8 列目に載っています」

颯太「そうだね。表計算ソフトを使えば計算間違いは防げると思う。けれど，見る数値を間違えることもあるから安心しないで」

菜摘「そうね。よく確認しなきゃ。Yの偏差の 2 乗，Xの偏差の 2 乗，Yの偏差×Xの偏差，つまり，6 列目，7 列目，8 列目を縦に合計すると，S_Y^2，S_X^2，S_{XY}が求まるわ。できた！

$S_y{}^2=1304836.3$

$S_x{}^2=13183.3$

$S_{xy}=54602.1$

上の数字になったわ」

菜摘

美咲「大きな数値になりましたね。それに何回も計算しました。電卓でやろうとすると大変ですね…」

琴音「できたわ。$\hat{b}$の式，$\hat{a}$の式への代入。aとbのパラメータ推定値，

$\hat{b}=4.142$

$\hat{a}=2465.525$

ね」

琴音

颯太「うん。見事な計算だったね。正解。

$Y=2465.525+4.142X$

がエノキの価格とエノキの実質生産額を表した回帰式と分かったね」

菜摘「ねぇ。よく供給曲線は右上がりって聞いたことあるわ。この回帰式も右上がり。しかも，生産数量を表しているわ。これは供給曲線なの？」

颯太「難しい質問をするね。経済学の話で詳しくはないんだけど，これは供給曲線にはならないって考えられているんだ」

菜摘「ふーん。そうなんだ」

颯太「聞く話だと，経済学で供給曲線を描くのはとても難しいことらしいよ」

＊この$\hat{b}$の値はプラスであり，供給関係を表している。価格が高ければ生産量が増える。ただし，供給曲線と呼ばないのは，神取（2014）にあるように，各年の値自体が均衡点である，つまり，均衡点をたどった軌跡ということだからである。
神取道宏（2014）「ミクロ経済学の力」日本評論社552ページ

３．決定係数

颯太

颯太「次に，数式の当てはまり具合について考える」

絢芽「まだあるんですか？」

颯太「そうだよ。最小２乗法で，とりあえずＸとＹとの関係を一番うまく表したパラメータ推定値を求めた。でも，問題が残っているんだ」

美咲「なんですか，それは？」

颯太「いいかい。ＸとＹとの関係を式に表したね。しかし，そもそもＸとＹに関係がなかったらどうだろう。つまり，ＸとＹとに相関関係がなかったとしたら」

菜摘「どういう意味？」

颯太「このＹ＝ａ＋ｂＸの数式は，Ｘに数値を代入するとＹが自然に求まってしまう。仮に，ＸとＹが無関係なものだったとしても何かしらのパラメータ推定値（$\hat{a}$と$\hat{b}$）が求まってしまうんだ」

美咲「…ＸとＹが無関係でも…？極端な話，私の高校時代の国語の試験の点数をX，琴音の弟さんの数学の点数をYにしてもaとbが求まるってことですか？」

颯太「そうなんだ。誰がどう見たって関係ないXとYについても，何かしらのパラメータ推定値$\hat{a}$や$\hat{b}$が求められてしまう。つまり，直線の式が描けてしまうんだ。これが問題なのは誰が聞いても分かるよね？」

菜摘「関係がないってことは相関がないってことよね。それにも関わらず，さも相関があるような回帰式が描かれて分析されてしまう。問題だわ」

　　ホワイトボードにグラフを書く，菜摘。

菜摘「だって，要するにこういうことよね？」

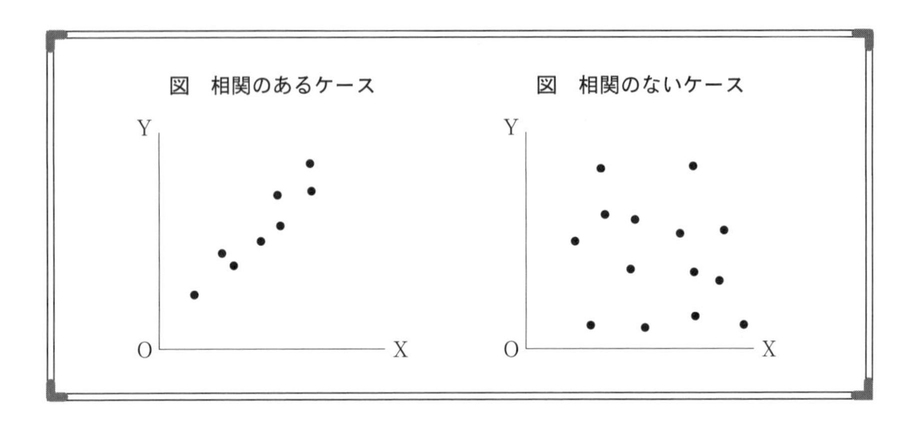

菜摘「上の二つは全く違うわ。でも，描かれる直線の数式は求められてしまうわ」

美咲「これは問題ね。相関のない数式の数値なんて無意味だし」

颯太「そうだね。回帰直線はどんな場合にも描けてしまう，だからこそきちんとXとYの相関関係を検査する必要がある。その相関関係の指標を決定係数というんだ」

ハンナ「教えてください。今すぐに」

颯太「今から説明するから聞いていてね。まず，次の図を見てごらん」

パソコンの画面を覗き込む，菜摘，洋女子たち。

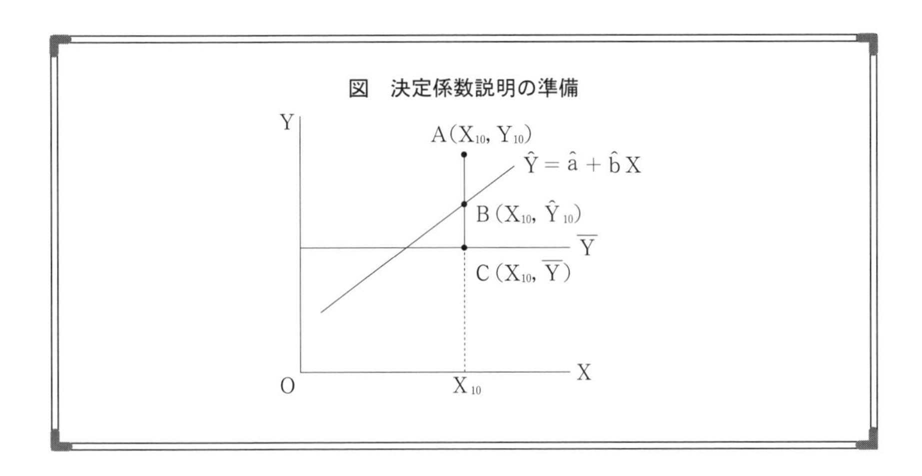

図　決定係数説明の準備

ナレーション「そこには，回帰直線

$$\hat{Y} = \hat{a} + \hat{b}X$$

と，Yの平均値の直線

$$\overline{Y} = (Y_1 + \cdots + Y_n)/n$$

がある」

颯太「その平均値の水平な線を基準として考えよう。全部の変動の大きさがACだ。BCは全変動ACのうち回帰直線で説明できている部分。残りのABは回帰直線では説明できない部分ということになる。つまり，

全変動＝回帰直線で説明できている部分＋回帰直線で説明できていない部分

AC＝BC＋AB

ここまでは分かるかな？」

ハンナ

ハンナ「はい。なんとか･･･」

颯太「じゃあ，この数式を変形してみるね。

回帰直線で説明できている部分／全変動＝１－回帰直線で説明できていない部分／全変動

BC/AC=１－AB/AC

この式の左辺は，全変動のうちの，回帰直線で説明された部分の大きさの割合を表してる。それは右辺によっても計算される。この割合が大きければ回帰直線の説明力は高いし，小さければそれが低いということになる」

絢芽「式を変形しただけなのに，確かに回帰直線で説明された部分の割合になりました」

颯太「さらに，この式の左辺をR^2と置いて式で書くことができる。

$$R^2 = \frac{(S_{xy})^2}{S_x^2 S_y^2}$$

これは，回帰直線の説明力を表す変数で決定係数と呼ばれる。この決定係数は，全変動のうちの回帰直線で説明できた部分の割合なので，０から１の間の値をとるんだよ。

$$0 \leq R^2 \leq 1$$

この値が１に近ければ相関あり，０に近ければ相関無しという判断になるんだ」

琴音「なるほど。そのR^2を計算してみて，パラメータを推定した式が使えるかどうか判定してみればいいんですね」

美咲「今回のエノキの場合，颯太さんの教えてくれた決定係数を計算してみました。

$$R^2 = 0.1733$$

ちゃんと求まりましたよ」

菜摘

菜摘「０に近いと感じるんだけど，どうなのかな？」

颯太「そうだね。Ｙの変動のうち17％の部分がこの式で説明されているということ。説明力が低い式であるといえるだろうね」

菜摘「決定係数がいくつ以上だったら説明力が高いとかの基準はどうなってるの？」

颯太「それが，はっきりと言える基準はないんだ。集めるデータや分析する内容によって，求められる決定係数も違ってくるからね」

菜摘「ふーん」

颯太「例えば，時間をさかのぼった時系列データの場合は，時系列の趨勢が手伝って決定係数は高い値をとる傾向にある。一方，ある時点での調査したクロスセクションデータの場合は，決定係数は低くなる傾向がある。その場合，低くなったとしても相関無しと考えるのではなく，全変動のうち，その回帰直線が何％を説明し得ているか，という前向きな解釈として活用することができるんだよ」

菜摘「クロスセクションデータの時には，決定係数の値が低くても式を活用できるのね。基準がない理由が分かったわ」

颯太「ついでに言うと，決定係数の平方根Ｒを相関係数と呼ぶんだ。正の相関のときは

$$0 \leq R \leq 1$$

負の相関の時は

$$-1 \leq R \leq 0$$

となるよ。どちらも，ゼロに近いと相関無し，１または－１に近いと強い相関ありということになるんだ」

琴音「決定係数はR^2で相関係数はＲ。丁寧な説明，ありがとうございます」

４．ｔ値

颯太「回帰直線の説明力を示す指標は決定係数だったね。しかし，まだ不十分。なぜなら，例え決定係数の値が高くても，定数項と変数Ｘのどちらか一方が役立っていて，どちらかはあまり役立っていないかもしれない。または両方が役立っているかもしれない」

菜摘「どういうこと？例えばY＝a＋bXのうち，実際に役に立っているのはaの定数項がほとんどでbXはあまり意味が無いってこと？」

颯太「そうなんだ。どちらもYに影響を与えているかもしれないけれど，その役立ち方はまるで違うかもしれない。でも決定係数だけじゃそれを判定できない」

絢芽「まるで綱引きですね。綱引きが強いチームがあったとしても，その中で本当に役立っている人もいれば，あまり役立っていない人もいますもん」

颯太「綱引きとは面白い例えだね。でも，まさにそういうこと。そこで，その役立ち度を判定する値がｔ値と呼ばれるんだ」

琴音「ｔ値って，あのｔ分布のｔ値ですか？」

颯太「そうだよ，あのｔ値。ｔ値というからには，同じようにｔ検定が出てくる。それを説明するために，まず残差の分散を式で表しておこう」

絢芽「残差？残差って何ですか？今，初めて聞きました」

颯太「おっと。ごめんごめん。まずは残差について説明するね」

ホワイトボードに数式を書く，颯太。

颯太

残差（e）＝実際の値（Y）－回帰直線で計算した予測値 $\hat{Y}$）

絢芽「あ。分かりました。回帰直線で予測された$\hat{Y}$と実際のYとの差が残差って呼ばれるんですね」

颯太「そう。そして，次に残差の分散を求める。次の式で求めることができるよ」

$$s^2 = (e_1^2 + \cdot\cdot\cdot + e_n^2) / (n-2)$$

＊残差の平均はゼロである。偏差の２乗の平均なので，本当は

$$s^2 = ((e_1 - 0)^2 + \cdot\cdot\cdot + (e_n - 0)^2) / (n - 2)$$

と書くところだが，ゼロを書かないから上式となる。

ハンナ「分散を求める際，残差の二乗の合計値をｎじゃなくてｎ－２で割るんですね」

颯太「このｎ－２はこの場合の自由度なんだ。自由度，覚えているかな？」

ハンナ「はい。前に教わったときはｎ－１でした。自由度って場合によって違うんですね」

颯太「どうして自由度がｎ－１やｎ－２になるかを説明するととても大変になる。だから，ここではそういうものって理解して欲しい」

ハンナ「分かりました。もし気になったら，勉強してみます」

颯太「さて，次に，パラメータのｂのほうだけを見てみよう。このとき，ｂに関して次のようなｔ値を準備する」

　ホワイトボードにそのｔ値の数式を書く，颯太。

$$t = \frac{\hat{b} - b}{\sqrt{s^2 / S_x^2}}$$

颯太「分子の$\hat{b}$は推定値，ｂは真の値。その差をとっているんだ。このｔ値は，自由度ｎ－２のｔ分布に従うことが知られている。分子にある真の値ｂ以外，どれもデータから計算できるよね」

菜摘「うん。でも，そうしたらｂはどうするの？計算できないんでしょ？」

颯太「ここで検定をするんだ。仮説は『ＸはＹに影響していない』という内容でね」

菜摘「帰無仮説ね。その対立仮説が『ＸはＹに影響している』というものね」

颯太「その通り。ここで『影響していない』としたのは，真の値が

$$b=0$$

であることを意味している。データから運良く推定値$\hat{b}$は求まるけれど，計算できないｂの真の値が本当は０で，Ｘの値に何を入れても，それに０をかけるからＹに影響を及ぼさないということになる」

菜摘「そうすると，その仮説の値ｂ＝０を代入すると，ｔの式は次のようになるのね」

ホワイトボードにｂ＝０のｔ値の数式を書く，菜摘。

菜摘

$$t=\frac{\hat{b}}{\sqrt{s^2/S_x^2}}$$

颯太「そうだね。これが検定すべき統計量。帰無仮説のおかげで，計算できないｂはなくなったから，あとはデータから計算できる」

菜摘「ここまでくれば，あとは計算して採択されるかされないかの話ね」

颯太「その通り。その計算結果が，設定した採択域に入れば，『ＸはＹに影響していない』となり，棄却域に入れば『ＸはＹに影響している』となる」

美咲「棄却域に入ってくれれば良いんですね」

琴音「判定基準は

$$-2 \leq t \leq 2$$

と考えるのよね」

琴音

菜摘「早速計算してみましょう。−2よりも大きくて2よりも小さければ，役立っていない。それ以外の値だったら，役立っている」

絢芽「aの方はどうなんですか。定数項も役立っているかいないかを判定できるんですか？」

颯太「もちろん，同じように考えるんだよ。次がaのt値の求める数式だよ」

ホワイトボードに$\hat{a}$のt値の数式を書く，颯太。

$$t = \frac{\hat{a}}{\sqrt{s^2\left(\frac{1}{n} + \frac{(\overline{X})^2}{S_X{}^2}\right)}}$$

ハンナ「これも$\hat{b}$の時と同じように考えるんですか？」

颯太「うん。そうだよ」

ハンナ

ハンナ「だったら，

$-2 \leq t \leq 2$の範囲

ならば仮説が採択され，定数項は役立っていない。反対に，

$-2 \leq t \leq 2$の範囲外

ならば，仮説は棄却されて定数項は役立っている，ということになるんですね」

美咲「分かってくると簡単に思えますね」

ハンナ「$\hat{a}$でも$\hat{b}$でも，もし『$-2 \leq t \leq 2$』の範囲内に入ったら，計算した推定結果を諦めなきゃいけないんですね。式全体の説明力を示す決定係数や相関係数も大切だったけれど，各項の説明力を示すt値も重要な指標なんですね」

颯太「そうだね。推定の妥当性について根拠が大切になってくるんだ。その意味で決定係数や t 値はとても重要だね」

パソコン画面に向かい，Excelで計算を始める，颯太。

颯太「ここから先は複雑な計算が必要になるからね。パソコン画面を見て欲しい」

計算例

	残差	残差の2乗		残差	残差の2乗
15	189.5556	35931.31	25	−59.4062	3529.096
16	137.937	19026.63	26	−183.069	33514.33
17	469.1964	220145.3	27	−371.381	137924.2
18	−333.425	111172.3	28	−315.933	99813.39
19	−23.8718	569.8611	29	−381.411	145474.3
20	−87.0531	7578.245			合計
21	334.3528	111791.8			1078688
22	282.0401	79546.61			S^2
23	254.9838	65016.73			43147.51
24	87.4847	7653.573			

颯太「$\hat{a}$，$\hat{b}$のｔ値を出すには，s^2を計算する必要があるよね。そのためには残差の２乗の合計が必要。だから残差とその２乗を計算したんだ。その結果を$\hat{a}$，$\hat{b}$のｔ値を求める式に代入すると両方の値が出てくるよ」

$\hat{a}$のｔ値＝3.7650
$\hat{b}$のｔ値＝1.6509

菜摘「本当だ。計算できたわ」
琴音「定数項の方は，２を超えているから役立っているんですね」
颯太「これまで求めてきた数値をまとめて次のように書くんだ」

ホワイトボードに数式と数値を書く，颯太。

$$Y = 2465.5 + 4.142X$$
（3.7650）（1.6509）

$R^2 = 0.1733$　　　$s = 288.05$（s^2の平方根）

颯太「パラメータの下にカッコでｔ値を書く。下にR^2やｓも書くと式の説明力が分かるね。ｓは残差の分散の平方根だから標準誤差というんだ。これが小さいほうが式の当てはまりがよいのさ」
ハンナ「なるほど。これなら見やすいですね」
ナレーション「言葉にこそしなかったが，この颯太の話に最も感動したのは他でもない洋である。これまで自分の感覚や経験と説明してきた内容に統計学的な根拠が付けられ，さらには数式による予測も可能になったのであるから当然と言える」

5．回帰分析 ―重回帰

ナレーション「すっかり感心した洋は皆を施設の裏に案内した。そこには細く伐られたナラの木が至る所に積まれて並んでいた」

絢芽「(ハッと気付いて) あ，シイタケだ！」

思わず大声を出してしまった，絢芽。

琴音「本当，シイタケだわ」

洋「なんだ，皆気付いてしまったのか。クイズにしようかと思ったのに」

菜摘「洋さんはシイタケも栽培しているのですか」

洋「そうじゃよ。林業の多角化じゃ。エノキだけでは，価格が下がったとき不安だからの。エノキの値段が下がったらシイタケの生産を増やす，エノキの価格が上がったらその逆をする」

ハンナ「なるほど。シイタケの価格が上がったらエノキの生産量は減らす。そうすれば安定的に利益を出すことができますもんね」

洋「そうじゃ，よくわかったの」

琴音「(少し考えて) 待ってください。エノキとシイタケの価格が同時に下がることはないんですか？多角化が安定的に利益をもたらすのは分かりますが，少し納得できないところがあります」

菜摘「私も思いました。エノキの生産量がエノキの価格に左右されるのは分かりました。でも，シイタケの価格に左右されるのは想像できなくて…」

颯太「なるほど。面白い疑問だね。じゃあ，それも回帰分析で見てみようか」

菜摘「えっ。そんなこともできるの？」

驚いて颯太の方を見る，菜摘，琴音。

颯太「うん。今まではＹに影響を与えるのはＸだけという想定だったけれど，現実社会では，Ｙに影響する現象はＸだけとは限らない。他にＷという現象が影響することもある。今回の場合を例にすると，エノキの生産量に対して，エノキの価格とシイタケの価格の 2 つが影響している。ＹとＸだけでなくWも変数に加えて考えるんだ」

　ホワイトボードに数式を書く，颯太。

$$Y = a + bX + cW$$

颯太「ほら。こうすれば3つの変数を式にすることができる」
菜摘「確かにそうだけど…。2つの変数だった場合と同じに考えていいの？」
颯太「そうだね。基本的には独立変数が一つ増えたって考えて欲しい。変数が2つだったときの分析を単回帰分析やただの回帰分析と呼ぶのに対して，変数が3つ以上の回帰分析のことを重回帰分析と呼ぶんだ」
絢芽「2変数の場合と同じように回帰直線を描くんですか？」
琴音「絢芽，それは違うわ。1つの変数に多くの変数が影響を与える状況では，直線は描けないはず」
颯太「そうだね。この場合は回帰直線ではなく，3次元だから回帰平面になる」
菜摘「でも，どうやってパラメータの推定値$\hat{a}$，$\hat{b}$，$\hat{c}$を求めるの？」
颯太「手順としては単回帰分析の時とほぼ同じ。偏差は小文字にして，次の計算を順番にしていこう。重回帰分析は単回帰分析よりも複雑だからね。表計算ソフトを使うことをオススメするね」

　ホワイトボードに文字を書く，颯太。

颯太「沢山の文字を書くから，頑張ってついてきてね」

・次の記号を求めておく。このとき，単回帰と同様
次の記号を決めておく。
その上で，次の記号も求める。ここで小文字は偏差である。

$S_y^2 = y_1^2 + \cdot\cdot\cdot\cdot\cdot + y_n^2$

$S_x^2 = x_1^2 + \cdot\cdot\cdot\cdot\cdot + x_n^2$

$S_W^2 = w_1^2 + \cdot\cdot\cdot\cdot\cdot + w_n^2$

$S_{xy} = x_1 y_1 + \cdot\cdot\cdot\cdot\cdot + x_n y_n$

$S_{wy} = w_1 y_1 + \cdot\cdot\cdot\cdot\cdot + w_n y_n$

$S_{xw} = x_1 w_1 + \cdot\cdot\cdot\cdot\cdot + x_n w_n$

菜摘「式が並ぶと大変ね」
颯太「慌てずにゆっくり計算をすることが大事なんだ」
琴音「分かりました」
颯太「単純回帰の時と同様に，回帰式で説明できていない部分（残差）が最小になるようにする。各パラメータの推定値を次の式で求めるんだ」

$$\hat{a} = \overline{Y} - \hat{b}\,\overline{X} - \hat{c}\,\overline{W}$$

$$\hat{b} = \frac{S_{xy}S_w^2 - S_{xw}S_{wy}}{S_x^2 S_w^2 - (S_{xm})^2}$$

$$\hat{c} = \frac{S_{wy}S_x^2 - S_{xw}S_{xy}}{S_x^2 S_w^2 - (S_{xw})^2}$$

颯太「これが3変数の時のパラメータ推定値の求め方。これにデータを入れれば，$\hat{a}$，$\hat{b}$，$\hat{c}$ が計算できる。計算式を中心にまとめて説明しちゃったけど，理解できたかな？」

菜摘「難しく考えなくて良いのね。純粋にこの数式を利用するって考えれば」

颯太「そうなんだ。数式の意味を理解すると同時に，数式をどう利用するかを考える方がずっと大事だからね」

琴音「3変数のケースの考え方，分かりました」

琴音

6．重決定係数と自由度修正済み決定係数

琴音「これにも決定係数が必要ですよね。式の説明力の指標ですから」

颯太「そうだね。考え方は2変数の時と同じさ」

琴音「そうですか。全変動のうち回帰平面で説明できる部分の割合を見るんですね」

颯太「その通り。式を書くから見ていてね」

ホワイトボードに数式を書く，颯太。

$$R^2 = \frac{\text{回帰平面によって説明された変動の大きさ}}{\text{全変動の大きさ}}$$

（整理すると・・・。）

$$R^2 = \frac{\hat{b}S_{xy} + \hat{c}S_{wy}}{S_y^2}$$

$$0 \leq R^2 \leq 1$$

颯太「(少し疲れて) よし，書けた。これが3変数の時の決定係数だよ。重決定係数とも言うんだ。このR^2も0から1の間をとるよ」

菜摘「1に近ければ説明力が高い，逆に0に近ければ回帰式の説明力が弱いのよね」

颯太「そう。また，R^2の平方根Rは次の式でも求められる。」

$$R=\sqrt{\frac{\hat{b}S_{xy}+\hat{c}S_{wy}}{S_y^2}}$$

$$0\leq R\leq 1$$

颯太「これは重相関係数だ。この場合にも同じく，Rは0と1の間になる。1に近ければ回帰式の説明力が高く，0に近ければ回帰式の説明力が弱いことになる」

菜摘「なるほどね。でも，2変数の単回帰分析のときRは－1から1の間をとったわ。今回はマイナスにならないの？」

颯太「そうなんだ。3変数以上の場合，2変数の時と違って負にはならないんだ」

菜摘「なるほどね」

菜摘

自由度修正済み決定係数

颯太「ただね。今説明した重決定係数R^2には1つ欠点があるんだ」

菜摘「何？」

颯太「説明変数（独立変数）の数が増えるほど，R^2の値は高くなってしまう」

菜摘「重決定係数のR^2は大きい方が良いんじゃないの？」

琴音「(少し考えて) ただ，闇雲に説明変数（独立変数）を増やしただけでもR^2

が高くなってしまうんですか？」

颯太「そう。それでは，変数さえ増やせばよいということになってしまいかねない」

琴音「少ない説明変数（独立変数）で説明される重回帰分析の方が使う方にとってもありがたいですし」

颯太「そんなときのために自由度調整済み決定係数（$\overline{R^2}$）があるんだ」

　ホワイトボードに数式を書く，颯太。

颯太「この場合の自由度とは観測数ｎから変数の数を引いたものなんだ」

（自由度）

自由度＝観測数ｎ－変数の数

一般化すると…

$$\overline{R^2} = R^2 - \frac{\text{説明変数の数}}{\text{自由度}}(1 - R^2)$$

颯太「はい。この式で自由度調整済み決定係数（$\overline{R^2}$）が求まったよ」

琴音「重回帰分析の時は自由度調整済み決定係数（$\overline{R^2}$）を使ったほうが良いんですね。分かりました」

颯太「実は，重決定係数（R^2）も自由度修正済み決定係数（$\overline{R^2}$）もあまり値は変わらない。だから通常の重決定係数（R^2）を使うことも少なくないんだよ」

菜摘「なんか複雑な気分ね。でも，分かったわ」

ハンナ「どちらでも良いなら，私は毎回，自由度修正済み決定係数（$\overline{R^2}$）を使うわ。だって，その方が無難だもん」

7．重回帰のｔ値

颯太「さて，式の説明力が重決定係数や自由度修正済み決定係数で示されたけど，まだ何か残っていたよね。覚えているかな？」

絢芽「確か，ｔ検定でしたよね」

颯太「そう。個々の項の変数（パラメータ）が役立っているかを調べるために3変数の場合でもｔ検定するんだ」

颯太「そのために，今回も次のような記号と数式を用意する」

ホワイトボードに数式を書く，颯太。

$$s_{\hat{a}}^2 = s^2\left\{\frac{1}{n} + \frac{(\overline{X})^2 S_w^2 + (\overline{W})^2 S_x^2 - 2\overline{X}\overline{W}S_{xw}}{S_x^2 S_w^2 - (S_{xw})^2}\right\}$$

$$s_{\hat{b}}^2 = \frac{S_w^2}{S_x^2 S_w^2 - (S_{xw})^2} s^2$$

$$s_{\hat{c}}^2 = \frac{S_x^2}{S_x^2 S_w^2 - (S_{xw})^2} s^2$$

ただし，

$$s^2 = \frac{e_1^2 + \cdots\cdots + e_n^2}{n-3}$$

颯太「数式の上式は $\hat{a}$，$\hat{b}$，$\hat{c}$ の分散の推定量，残差の分散になるんだ」

琴音「まずは準備なんですね」

颯太「そう。こうやって順を追って説明した方が分かりやすいでしょ」

美咲「はい」

颯太「続けると，次のｔ値は自由度ｎ－３のｔ分布に従うことになる」

$$t_{\hat{a}} = \frac{\hat{a} - a}{s_{\hat{a}}}$$

$$t_{\hat{b}} = \frac{\hat{b} - b}{s_{\hat{b}}}$$

$$t_{\hat{c}} = \frac{\hat{c} - c}{s_{\hat{c}}}$$

颯太「よし。次は仮説を作る場面なんだけど･･･，誰か仮説を作れないかな？」

一斉に下を向いたり，目をそらせたりする，一同。

颯太「じゃあ…，琴音さんならどうする？」

琴音「（驚いて）え。私でしたら…」

ナレーション「琴音が指名されてみんなはホッとした」

琴音「（考えて）帰無仮説ですよね。ａ，Ｘ，Ｗ，Ｙそれぞれについて検定するんですよね」

考えた後，ホワイトボードに文字を書く，琴音。

琴音

（仮説検定）

『定数項ａは役立っていない』

『ＸはＹに影響を及ぼしていない』

『ＷはＹに影響を及ぼしていない』

琴音「これでどうですか？」

颯太「うん。その通りだね。じゃあ，この『役立っていない』という仮説に従うと，各パラメータa，b，cの数値はどう仮定されるかな。今度は菜摘答えて」

菜摘「えーっと。仮説だと全く影響を与えていないのだから，0じゃないかしら。a，b，cのパラメータは0」

ホワイトボードに数字を書き込む，菜摘。

菜摘

$$a = 0 \qquad b = 0 \qquad c = 0$$

琴音「そうですよね。XやWがいくら変化しても，その係数が0じゃYには全く影響を与えないですもの」

颯太「うん。その通り」

菜摘「これらをtの式に代入すると次のようになるわね」

ホワイトボードに数式を書き込む，菜摘。

菜摘

$$t_{\hat{a}} = \frac{\hat{a}}{s_{\hat{a}}}$$

$$t_{\hat{b}} = \frac{\hat{b}}{s_{\hat{b}}}$$

$$t_{\hat{c}} = \frac{\hat{c}}{s_{\hat{c}}}$$

菜摘「ねぇ。５％有意水準でのｔ分布の判定基準は，今回も－２から２までの間をとるかどうかで良いの？」

颯太「うん，そうだよ」

颯太の回答を聞き再びホワイトボードに数式を書き込む，菜摘。

（５％有意水準のｔ分布判定）

$$-2 \leq t \leq 2$$

菜摘「できたわ。後は計算してｔの値を出すだけね。ｔが－２から２の範囲に入っていれば採択，入っていなければ棄却ね。棄却されたほうが変数が役立っているのよね」

颯太「うん。その通り。今まとめた数式に実際のデータを入れてみよう」

パソコンを操作する，颯太。

颯太「みんな，パソコン画面を見て欲しい」

平成(年)	エノキ 生産額実質 (千万円)	エノキ 東京中央卸売市場 年平均価格 円／kg	シイタケ 東京中央卸売市場 年平均価格 円／kg
15	3839.6	286	1,118
16	3788.0	286	1,039
17	4040.6	267	1,056
18	3440.9	316	1,108
19	3630.3	287	1,122
20	3625.1	301	1,109
21	3827.0	248	1,006
22	3712.6	233	936
23	3664.8	228	935
24	3571.9	246	927
25	3412.6	243	979
26	3317.9	250	1,024
27	3171.0	260	1,031
28	3122.9	235	1,052
29	2929.0	204	1,048
平均値	3539.6	1032.7	259.3

颯太「さっき求めた記号の式に，これらデータを代入していく。表計算ソフトを使うと素早く求められる。さっき作った記号の式を見比べながらゆっくり計算を進めてもいいけど，今回は計算結果を並べちゃうね」

絢芽「わぁ。表計算ソフトって本当に便利なんですね。改めて思いました」

$S_y^2=1304836$

$S_x^2=61675$

$S_w^2=13183$

$S_{xy}=-2030.2$

$S_{wy}=54602$

$S_{xw}=19498$

（よって，次の値が求まる。）

$\hat{a}=4102.0$

$\hat{b}=7.87082$

$\hat{c}=-2.5282$

$R^2=0.3332$

颯太「このままの流れで s^2（残差の分散）とその平方根の s（標準誤差）を計算しよう」

$s^2=72496$

$s=269.25$

菜摘「s が求まれば，s_a^2，s_b^2，s_c^2，s_a，s_b，s_c の値も求まるわね」

颯太「そうだね。これらが求まれば t 値も求まるよね」

s_a^2	1304328	s_a	1142.072
s_c^2	2.207822	s_c	1.485874
s_b^2	10.32881	s_b	3.213847

（ｔ値）

$t_a = 3.5918$

$t_b = 2.4490$

$t_c = -1.6968$

美咲「凄い！あっという間に計算できちゃいましたね」
琴音「残念。t_cだけは採択域の－２から２の間に入っちゃったんですね」
ハンナ「と言うことは，$\hat{a}$の3543.61と$\hat{b}$の22.2072はＹに影響を与えるパラメータだけど，$\hat{c}$のそれは残念ながらそうじゃなかったんですね」
颯太「そうだね。でも，－２に近い－1.80だから全く影響がないとも言いにくいかな。ここらは分析者の考え方だけど」
菜摘「数式でまとめる場合は次のように書くのよね」
　ホワイトボードに数式を書く，菜摘。

菜摘

$$Y = 4102.0 + 7.8708X - 2.5282W$$
$$(3.5918)\quad(2.4490)\quad(-1.6968)$$

$R^2 = 0.3332$　　　$s = 269.25$（s^2の平方根）

菜摘「(得意げに) どう？」
颯太「うん。ばっちりだね。しっかり括弧内に t 値も書いている」
絢芽「でも，この数式にどんな意味があるんでしょうか？」
ハンナ「これは，そのまま見れば良いんですよね？」
絢芽「そのまま？あ，なるほど！」
颯太「気付いたようだね。エノキの価格が10円上がると，エノキの生産量が7.8708×10千万増える。シイタケの価格が10円上がるとエノキの生産量が2.5282×10千万減るという関係だよ」
美咲「単位に千万が付いているのは…？」
颯太「基にしたデータの単位が千万円だったからね。この単位を間違って使ってしまうと，せっかく作った数式が何の意味も持たなくなってしまうんだ。とても勿体無いから，単位には気をつけるようにね」
美咲「はーい」

美咲

8．偏相関係数

颯太「せっかくの機会だから，偏相関係数についても話をしておく」
ハンナ「変な相関係数？」
颯太「まぁ，意味としては近いかもしれないけれど，偏るの字を当てる」
洋「偏相関係数？わしも聞きたいぞ。さっきの重回帰分析といい，今日はみんなに見学に来てもらって本当によかったと思っている」
颯太「それは有難い。では，早速説明します」

ホワイトボードに数式と文字を書く，颯太。

Y＝a＋bX＋cW

Y：甲市で七五三のお祝いがされた回数
X：甲市のエノキの出荷量
W：甲市の市民の平均所得

颯太「この数式を見て何か感じることはある？」
美咲「数式は先ほど習ったのと変わりませんね」
絢芽「あー！Yの甲市で七五三のお祝いがあった回数とXの甲市のエノキの出荷量って全く関係なくないですか？数式にされたから意味があるのかと思っちゃいましたけど，どう考えてもないですよね」
颯太「そう。すぐに気付いてくれたね。でも，この数式が当てはまっちゃったらどう思う？どの項も５％有意水準でｔ値も適正。つまり，数式上XはYに影響を及ぼしているし，WもYに影響を及ぼしている」
菜摘「偶然？」
颯太「確かに，Xの甲市のエノキの出荷量がYの甲市で七五三のお祝いがされた回数に影響を与えることはないよね。でも，Wはどうだろう。Wの甲市の市民の平均所得が増えたからYの甲市で七五三のお祝いがされた回数ってことは有り得るよね。また，Wの甲市の市民の平均所得が増えたからXの甲市のエノキの出荷量も増えたってことも」

ホワイトボードに関係性を図示する，颯太。

颯太

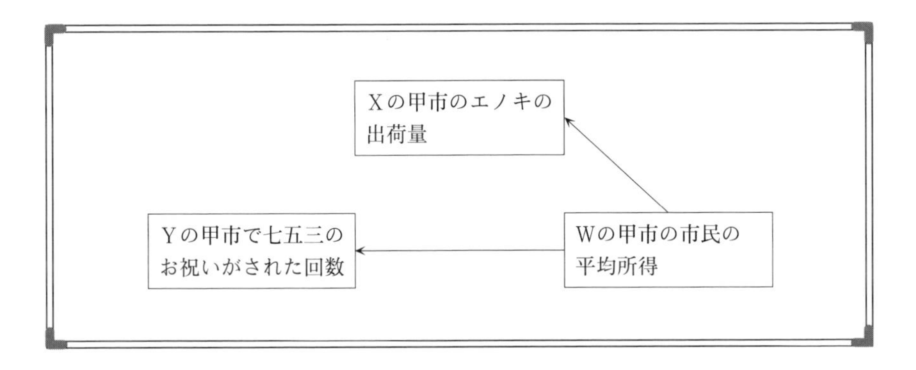

菜摘「なるほどね。本来ならXとWが独立してはYに影響を与えないといけないのに，WがXとYに影響を与えちゃってるのね」

颯太「そう。ただ，分かるとおりYとXには，直接の相関関係はない。このような関係を“見せかけの相関（擬似相関）”というんだ」

菜摘「でも，どうやったらそれを防げるの？」

颯太「まず先にYとX，YとW，XとWの相関関係を調べて，もしそれぞれの相関が強ければ，見せかけの相関も心配しなければいけないんだ。それらを調べるために偏相関係数があるんだよ」

琴音「統計っていろいろな手法があるんですね」

颯太「今回，Wの影響を排除してYとXの純粋な相関を調べる必要がある。そのために，まずはYとWの関係を排除するんだ。こんな数式を準備する」

　ホワイトボードに数式を書く，颯太。

$$Y = a' + c'W$$

颯太「このとき a′, c′を推定した上でWのデータ値を代入してYの理論値$\hat{\hat{Y}}$を計算する。次のようになるよ」

$$\hat{\hat{Y}}_1 = \hat{a}' + \hat{c}'W_1$$
$$\vdots$$
$$\hat{\hat{Y}}_n = \hat{a}' + \hat{c}'W_n \qquad (☆)$$

颯太「これでYとWの関係を見ることができた。次にXとWの関係を取り上げる」

$$X = a'' + b''W$$

颯太「同じく a″, b″ を推定する。そして，Xの理論値を計算する」

$$\hat{\hat{X}}_1 = \hat{a}'' + \hat{c}''W_1$$
$$\vdots$$
$$\hat{\hat{X}}_n = \hat{a}'' + \hat{c}''W_n \qquad (☆☆)$$

颯太「式（☆）はYの変動のうちWによる部分，式（☆☆）はXの変動のうちWによる部分と解釈できる。だから，Yの変動からWの影響を取り除いた変動，Ｘの変動からＷの影響を取り除いた変動は次のようになる」

$$\hat{\hat{Y}}_1 = \hat{a}' + \hat{c}'W_1$$
$$\vdots$$
$$\hat{\hat{Y}}_n = \hat{a}' + \hat{c}'W_n$$

$$\hat{\hat{X}}_1 = \hat{a}'' + \hat{c}''W_1$$
$$\vdots$$
$$\hat{\hat{X}}_n = \hat{a}'' + \hat{c}''W_n$$

Ｙの変動からＷの影響を取り除いた変動　$u_1 = Y_1 - \hat{\hat{Y}}_1$

$$\vdots$$
$$u_n = Y_n - \hat{\hat{Y}}_n$$

Ｘの変動からＷの影響を取り除いた変動　$v_1 = X_1 - \hat{\hat{X}}_1$

$$\vdots$$
$$v_n = X_n - \hat{\hat{X}}_n$$

颯太「ここで u_1，…，u_n はＹとＷの関係における残差でもある。v_1，…，v_n はＸとＷとの関係における残差になる。つまり，それぞれＷが影響を及ぼしていないＹとＸの変動部分になるんだよ。だから，この両者に相関があるかないかでＷの影響を考慮しないＹとＸとの関係がわかるんだ。次の式でｕとｖの相関係数を求める」

$$r_{YX \cdot W} = \frac{u_1 v_1 + \cdots\cdots + u_n v_n}{\sqrt{(u_1^2 + \cdots\cdots + u_n^2)(v_1^2 + \cdots\cdots + v_n^2)}}$$

颯太「この式がＹとＸの偏相関係数となっているんだ」

菜摘「なるほどね。この値が高かった場合はＷの影響がなくてもＹとＸには高い相関があると言えるのね」

颯太「そうだね。先ほどの例で，もし高い相関が見られたなら，七五三のお祝いの会を開く際にエノキを料理に入れて欲しいと市民がお店に頼んでいる可能性が考えられるね。逆に，Ｗの影響を排除した後でＹとＸに相関がみられないときは，市民所得の影響を取り除いたら，案の定，無関係だったと言える」

ホワイトボードに文字を書く，颯太。

颯太「通常，変数が複数ある場合の相関係数は次のように書く」

r_{xy}：ＸとＹの相関係数

r_{yw}：ＷとＹの相関係数

r_{xw}：ＸとＷとの相関係数

颯太「これらの記号を使うことによって，ＸとＹの偏相関係数を表すことができる」

（XとYの偏相関係数の式）

$$r_{YX \cdot W} = \frac{r_{YX} - r_{YW} r_{XW}}{\sqrt{1 - r^2_{YW}} \sqrt{1 - r^2_{XW}}}$$

琴音「数式が並んで複雑に見えますけど，一つ一つ根気よく計算するって思うと難しくないですね」

ハンナ「あー。でも，私は表計算ソフトでパパッと計算したいって思うかも」

颯太「そうだね。実際，手計算でやるのは簡単ではないからね。それに今回は従属変数（被説明変数）に対して独立変数（説明変数）が2つの場合だけを見たけれど，実際には3つも4つも並ぶんだ。そうなってくると，とても手では計算できないね」

菜摘「なるほどね。表計算ソフトを扱えるかどうかも統計には重要なのね」

颯太「そうそう。先ほど重相関係数は0から1までの間の値をとるって話したけど，この偏相関係数は－1から1までの値をとるんだ」

菜摘「マイナスになるってことは，負にもなるってことね」

ホワイトボードに数式を書く，颯太。

菜摘

（偏相関係数の範囲）

$$-1 \leq r_{yx \cdot w} \leq 1$$

颯太「よーし。今日の説明はここまで！」

　　颯太が言い終わると同時に一息つく，洋，菜摘，女子たち。

洋「いやぁ。凄いハイレベルの説明だった。みんなよく理解しておったの」

菜摘「私，理解するのに必死だったわ」

琴音「私もです。最近，統計について勉強していたんですけど，それでも理解するのがやっとでした」

颯太「今回は本当に駆け足で説明したからね。今まで説明したことを理解していることを前提にして，数式ばかりで説明したからね」

絢芽「でも，理解できました。特に重回帰分析。森を見ているといろいろな事象が木々に影響を与えているのに気づくんです。日の当たり具合だったり，気温だったり，風だったり」

ハンナ「そうね。風の強いところでは木の生長は遅いもの。日の当たり具合は分かりやすいわ。道路脇に生える木ほど成長が良いもの」

颯太「なるほどね。もしかしたらこれまでも林業を統計的に分析した人が他にいたかもしれないね。探してみるよ」

琴音「それは貴重な情報です。是非，見つけたら教えてください」

颯太「うん。分かった。約束する」

　　洋にお礼の言葉を述べて帰路につく，一同。

ナレーション「ここまでで統計学についての基本的な説明はおしまい。最後，おまけに実際に統計学を林業に応用した例を紹介する」

おまけ（偏相関係数による材積の推定）

偏相関係数

偏相関係数をまとめると次のようになる。

$$r_{YX \cdot W} = \frac{r_{YX} - r_{YW} r_{XW}}{\sqrt{1 - r^2_{YW}} \sqrt{1 - r^2_{XW}}}$$

$$r_{YW \cdot X} = \frac{r_{YW} - r_{YW} r_{XW}}{\sqrt{1 - r^2_{YX}} \sqrt{1 - r^2_{XW}}}$$

$$r_{XW \cdot Y} = \frac{r_{XW} - r_{YX} r_{YW}}{\sqrt{1 - r^2_{YX}} \sqrt{1 - r^2_{YW}}}$$

○森に囲まれた開けた草原（朝）

　　颯太，菜摘，女子たちの賑やかな声が響く。

ナレーション「ここは山の中。爽やかな春風の下，今日も女子たちは颯太に質問をしていた」

ナレーション「進と和夫がそれぞれ保有していた森も今や女子たちが管理している。とても人が住めるような土地ではないが，楽しそうに日々を送る若者たちの姿があった」

　　パソコンで集計したルーズリーフを菜摘，女子たちに配る，颯太。

颯太「今日も統計学が林業に使われた例を紹介するね」

女子たち「はーい」

ハンナ「今日はどんな分析の例ですか？」

颯太「1979年に行われた大学の先生（近藤正巳（1979）p216）による分析だよ。立木の材積を10個の独立変数（説明変数）で説明するモデルを想定して，j従属変数（被説明変数）である材積との偏相関係数を計算している」

$$Y = a_0 + a_1X_1 + a_2X_2 + a_3X_3 + a_4X_4 + a_5X_5 + a_6X_6 + a_7X_7 + a_8X_8 + a_9X_9 + a_{10}X_{10}$$

Y：材積

記号		Yとの偏相関係数
X_1	樹高	0.896
X_2	樹冠疎密度	0.719
X_3	地質	0.624
X_4	方位	0.649
X_5	土壌	0.743
X_6	樹冠直径	0.687
X_7	成立本数	0.619
X_8	標高	0.328
X_9	林齢	0.358
X_{10}	傾斜	0.408

琴音「これは興味深いです」

絢芽「これを見ると，材積に一番影響を与えているのは樹高なんですね」

ハンナ「まあ，樹高が高ければ材積が大きいのは当然よね」

美咲「標高とか林齢，傾斜はあまり関係していないみたいですね」

琴音「私は方位の影響が想像以上に高いことに驚きました」

菜摘「そうね。地質や方位，土壌は材積を大きくする上で無視できなそうね」

ハンナ「地質や土壌が悪かったら材積は増えないし，太陽に向かう方角が悪くてもそうよね」

ナレーション「みんなはこの数式から考察を繰り広げる。無味乾燥に見える数式が，実に様々なことを物語る。林業に深く携わっている人ほど，深い考察が可能になる」

考察が一息ついた頃，颯太，女子たちに向かって語りかける，菜摘。

菜摘「これは材積を求める数式だったけれど，最近は小売りのPOSデータなんかを使って様々な分析が行われているそうなの。何十万人分，何百万人分というビッグデータよ。同じように偏相関係数を計算すると，売り上げに関係する要素が分かってくるらしいわ。時間帯，男女の別，暑い日とか寒い日とか…」

琴音「そうですよね。今やビッグデータの時代。解析すればいろんなことが見えてきます」

絢芽「最近だとICT技術が進歩してドローンを飛ばして森林のデータを収集することも可能らしいですよ」

菜摘「面白いわね。データが集まってそれを上手に分析できれば，今まで分からなかったことがどんどん分かってくるわ」

颯太「そうだね。統計結果に頼りすぎるのは良くないとも言われるけれど，科学的に分析された結果は大いに参考にするべきだと思うよ」

ナレーション「颯太と菜摘，そして林業に携わる女子たちの会話は尽きなかった」

（了）

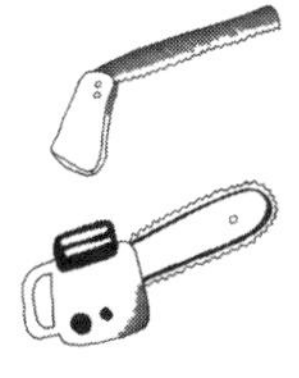

補論　— 統計学 —

1．平均値と分散→統計データを集めたけれど，それをどう表現・解釈してよいかわからない人へ

1）平均値と分散

本文記載済み（p.14参照）

2）中央値（p.37関連）

平均値とともに中央の値を知る指標である。

1クラスでおこづかいの平均値を調べたとき，一人だけ大金持ちの子どもで膨大なお小遣いをもらっている子がいたら，そのこのために平均額が跳ね上がる。他のクラスにはそのようなことがないとしたら，そのクラスの数値は正確な平均値とは言えない。このとき，ちょうど真ん中の人（上から数えても下から数えても同じちょうど真ん中）を中央値として採用する。偶数の時は真ん中の値とその次の値との平均値。

2．度数分布→1つの統計データを集めたけれど，それを見やすくしたい人へ

1）度数分布表の作り方

本文記載済み（p.37参照）

2）度数分布表による平均値と分散の計算

本文記載済み（p.41参照）

3．確率分布→統計について変化したか，他と差があるかなどを調べたい人への基礎理論

1）正規分布

本文記載済み（p.53参照）

2）ｔ分布

本文記載済み（p.79参照）

3）カイ二乗分布

本文記載済み（p.136参照）

カイ二乗分布表の５％有意水準（0.05）の列と自由度を見て臨界値を調べる。

4）Ｆ分布

二つの正規分布がある。それぞれから，n_1，n_2の大きさの標本を取り出す。それらの分布の不偏分散をu_1^2，u_2^2とする。

$$F = \frac{u_1^2}{u_2^2}$$

は自由度n_1-1，n_2-1のＦ分布に従う。ただし，分布１，分布２からの不偏分散の計算は次式。

$$u_1^2 = \frac{(X_{11}-\overline{X})^2 + \cdots + (X_{1n}-\overline{X})^2}{n_1-1}$$

$$u_2^2 = \frac{(X_{21}-\overline{X})^2 + \cdots + (X_{2n}-\overline{X})^2}{n_2-1}$$

Ｆ分布の表（出所：水野哲夫著，前掲書，p.279）を見て，有意水準５％の時の臨界値を二つの自由度を見て調べる。

Fの表(1)（$\alpha=0.05$　自由度n_1，n_2はつねに$F \geqq 1$なるごとく選ぶこと）

n_2 \ n_1	1	2	3	4	5	6	7	8	9	10	12	15	20	24	30	40	60	120	∞
1	161	200	216	225	230	234	237	239	241	242	244	246	248	249	250	251	252	253	254
2	18.51	19.00	19.16	19.25	19.30	19.33	19.35	19.37	19.39	19.40	19.41	19.43	19.45	19.45	19.46	19.47	19.48	19.49	19.50
3	10.13	9.55	9.28	9.12	9.01	8.94	8.89	8.85	8.81	8.79	8.74	8.70	8.66	8.64	8.62	8.59	8.57	8.55	8.53
4	7.71	6.94	6.59	6.39	6.26	6.16	6.09	6.04	6.00	5.96	5.91	5.86	5.80	5.77	5.75	5.72	5.69	5.66	5.63
5	6.61	5.79	5.41	5.19	5.05	4.95	4.88	4.82	4.77	4.74	4.68	4.62	4.56	4.53	4.50	4.46	4.43	4.40	4.37
6	5.99	5.14	4.76	4.53	4.39	4.28	4.21	4.15	4.10	4.06	4.00	3.94	3.87	3.84	3.81	3.77	3.74	3.70	3.67
7	5.59	4.74	4.35	4.12	3.97	3.87	3.79	3.73	3.68	3.64	3.57	3.51	3.44	3.41	3.38	3.34	3.30	3.27	3.23
8	5.32	4.46	4.07	3.84	3.69	3.58	3.50	3.44	3.39	3.35	3.28	3.22	3.15	3.12	3.08	3.04	3.01	2.97	2.93
9	5.12	4.26	3.86	3.63	3.48	3.37	3.29	3.23	3.18	3.14	3.07	3.01	2.94	2.90	2.86	2.83	2.79	2.75	2.71
10	4.96	4.10	3.71	3.48	3.33	3.22	3.14	3.07	3.02	2.98	2.91	2.85	2.77	2.74	2.70	2.66	2.62	2.58	2.54
11	4.84	3.98	3.59	3.36	3.20	3.09	3.01	2.95	2.90	2.85	2.79	2.72	2.65	2.61	2.57	2.53	2.49	2.45	2.40
12	4.75	3.89	3.49	3.26	3.11	3.00	2.91	2.85	2.80	2.75	2.69	2.62	2.54	2.51	2.47	2.43	2.38	2.34	2.30
13	4.67	3.81	3.41	3.18	3.03	2.92	2.83	2.77	2.71	2.67	2.60	2.53	2.46	2.42	2.38	2.34	2.30	2.25	2.21
14	4.60	3.74	3.34	3.11	2.96	2.85	2.76	2.70	2.65	2.60	2.53	2.46	2.39	2.35	2.31	2.27	2.22	2.18	2.13
15	4.54	3.68	3.29	3.06	2.90	2.79	2.71	2.64	2.59	2.54	2.48	2.40	2.33	2.29	2.25	2.20	2.16	2.11	2.07
16	4.49	3.63	3.24	3.01	2.85	2.74	2.66	2.59	2.54	2.49	2.42	2.35	2.28	2.24	2.19	2.15	2.11	2.06	2.01
17	4.45	3.59	3.20	2.96	2.81	2.70	2.61	2.55	2.49	2.45	2.38	2.31	2.23	2.19	2.15	2.10	2.06	2.01	1.96
18	4.41	3.55	3.16	2.93	2.77	2.66	2.58	2.51	2.46	2.41	2.34	2.27	2.19	2.15	2.11	2.06	2.02	1.97	1.92
19	4.38	3.52	3.13	2.90	2.74	2.63	2.54	2.48	2.42	2.38	2.31	2.23	2.16	2.11	2.07	2.03	1.98	1.93	1.88
20	4.35	3.49	3.10	2.87	2.71	2.60	2.51	2.45	2.39	2.35	2.28	2.20	2.12	2.08	2.04	1.99	1.95	1.90	1.84
21	4.32	3.47	3.07	2.84	2.68	2.57	2.49	2.42	2.37	2.32	2.25	2.18	2.10	2.05	2.01	1.96	1.92	1.87	1.81
22	4.30	3.44	3.05	2.82	2.66	2.55	2.46	2.40	2.34	2.30	2.23	2.15	2.07	2.03	1.98	1.94	1.89	1.84	1.78
23	4.28	3.42	3.03	2.80	2.64	2.53	2.44	2.37	2.32	2.27	2.20	2.13	2.05	2.01	1.96	1.91	1.86	1.81	1.76
24	4.26	3.40	3.01	2.78	2.62	2.51	2.42	2.36	2.30	2.25	2.18	2.11	2.03	1.98	1.94	1.89	1.84	1.79	1.73
25	4.24	3.39	2.99	2.76	2.60	2.49	2.40	2.34	2.28	2.24	2.16	2.09	2.01	1.96	1.92	1.87	1.82	1.77	1.71
26	4.23	3.37	2.98	2.74	2.59	2.47	2.39	2.32	2.27	2.22	2.15	2.07	1.99	1.95	1.90	1.85	1.80	1.75	1.69
27	4.21	3.35	2.96	2.73	2.57	2.46	2.37	2.31	2.25	2.20	2.13	2.06	1.97	1.93	1.88	1.84	1.79	1.73	1.67
28	4.20	3.34	2.95	2.71	2.56	2.45	2.36	2.29	2.24	2.19	2.12	2.04	1.96	1.91	1.87	1.82	1.77	1.71	1.65
29	4.18	3.33	2.93	2.70	2.55	2.43	2.35	2.28	2.22	2.18	2.10	2.03	1.94	1.90	1.85	1.81	1.75	1.70	1.64
30	4.17	3.32	2.92	2.69	2.53	2.42	2.33	2.27	2.21	2.16	2.09	2.01	1.93	1.89	1.84	1.79	1.74	1.68	1.62
40	4.08	3.23	2.84	2.61	2.45	2.34	2.25	2.18	2.12	2.08	2.00	1.92	1.84	1.79	1.74	1.69	1.64	1.58	1.51
60	4.00	3.15	2.76	2.53	2.37	2.25	2.17	2.10	2.04	1.99	1.92	1.84	1.75	1.70	1.65	1.59	1.53	1.47	1.39
120	3.92	3.07	2.68	2.45	2.29	2.18	2.09	2.02	1.96	1.91	1.83	1.75	1.66	1.61	1.55	1.50	1.43	1.35	1.25
∞	3.84	3.00	2.60	2.37	2.21	2.10	2.01	1.94	1.88	1.83	1.75	1.67	1.57	1.52	1.46	1.39	1.32	1.22	1.00

4．正規分布の応用

標本平均値の分布

標本平均値の分布を知るのに①その分布が何分布か，②その平均値はいくらか，③その分散はいくつかの情報を知らなければならない。

① 分布

中心極限定理 母集団（全体のこと）の平均値μと分散σ^2が有限値（無限ではない）ならば，分布の形がどのようなものであっても，標本の大きさ（n）が十分に大きければ，標本平均値の分布は正規分布と近似される。

つまり，標本平均値の分布は正規分布である。

次に，平均値，分散を求める手助けとなる“演算子”の説明を行う。

＊＊＊＊＊＊＊＊＊＊＊＊＊＊＊＊＊＊＊＊＊＊＊＊＊＊＊＊＊＊＊＊＊＊＊

平均値と分散はE（y）とv（y）の記号で説明される。

（説明）

前者E（y）は“期待値”と呼ばれ，平均値を意味している。

平均なのだから次の数式で表される。

$$E(y) = \frac{y_1 + \cdots + y_n}{n}$$

ここで，もしbが定数でE（by）の値だったらどうなるか。

$$E(by) = \frac{by_1 + \cdots + by_n}{n} = \frac{b(y_1 + \cdots + y_n)}{n} = bE(y)$$

つまり，

$$E(by) = bE(y)$$

が成り立つ。

後者 v（y）は分散を意味する。

$$v(y) = \frac{\{(y_1 - \overline{y})^2 + \cdots + (y_n - \overline{y})^2\}}{n}$$

ここで，もしｂが定数だったら v（by）の値はどうなるか。

$$v(by) = \frac{\{(by_1 - b\overline{y})^2 + \cdots + (by_n - b\overline{y})^2\}}{n} = \frac{\{b^2(y_1 - \overline{y})^2 + \cdots + b^2(y_n - \overline{y})^2\}}{n}$$

$$= \frac{b^2\{(y_1 - \overline{y})^2 + \cdots + (y_n - \overline{y})^2\}}{n} = b^2 v(y)$$

つまり，

$$v(by) = b^2 v(y)$$

が成り立つ

＊＊＊＊＊＊＊＊＊＊＊＊＊＊＊＊＊＊＊＊＊＊＊＊＊＊＊＊＊＊＊＊＊＊＊

この演算子の性質を利用して標本平均値の分布の平均値と分散を求める。

＊＊＊＊＊＊＊＊＊＊＊＊＊＊＊＊＊＊＊＊＊＊＊＊＊＊＊＊＊＊＊＊＊＊＊

②　標本平均値の分布の平均値

［標本平均値 $\overline{X}$ の期待値は母集団の平均値 μ に等しい］

（証明）

標本平均値の平均値

$$\overline{X} = \frac{(\overline{X}_1 + \cdots + \overline{X}_n)}{n}$$

$\overline{X}$の期待値は次の式である。例えば，$\overline{X}_1$とは，第１番目に何回もデータをとったときの，その平均値をいう意味である。

$$E(\overline{X}) = \frac{E(\overline{X}_1 + \cdots + \overline{X}_n)}{n} = \frac{\{E(\overline{X}_1) + E(\overline{X}_2) + \cdots + E(\overline{X}_n)\}}{n}$$

変数X_1，…，X_nはすべて同じ母集団の変数なので期待値は等しくなる。

$$E(X_1) = E(\overline{X}_2) = \cdots = E(\overline{X}_n) = \mu$$

よって，

$$E(\overline{X}) = \frac{n \times \mu}{n} = \mu$$

標本平均値$\overline{X}$の期待値は母集団の平均値μに等しくなる。＝標本平均値の平均値はμである。

＊＊＊＊＊＊＊＊＊＊＊＊＊＊＊＊＊＊＊＊＊＊＊＊＊＊＊＊＊＊＊＊＊＊＊＊

＊＊＊＊＊＊＊＊＊＊＊＊＊＊＊＊＊＊＊＊＊＊＊＊＊＊＊＊＊＊＊＊＊＊＊＊

③　標本平均値の分布の分散

［互いに独立な標本の時，母集団の分散（母集団）値がσ^2ならば大きさｎの標本平均値の分散は$\frac{\sigma^2}{n}$である］

（証明）

標本平均値の平均値

$$\overline{X} = \frac{(\overline{X}_1 + \cdots + \overline{X}_n)}{n}$$

$$\overline{X} = \frac{\overline{X}_1}{n} + \cdots + \frac{\overline{X}_n}{n}$$

$\overline{X}$の分散 $v(\overline{X})$ は次式である。

$$v(\overline{X}) = v\left(\frac{\overline{X}_1}{n} + \cdots + \frac{\overline{X}_n}{n}\right)$$

X_1，…，X_nは相互に独立である。

$$v(\overline{X}) = v\left(\frac{\overline{X_1}}{n}\right) + \cdots + v\left(\frac{\overline{X_n}}{n}\right)$$

また，X_1，…，X_nは同一の母集団である。したがって

$$v(\overline{X_1}) = \cdots = v(\overline{X_n}) = \sigma^2$$

が成り立っている。

$$v(\overline{X}) = \frac{v(\overline{X_1})}{n^2} + \cdots + \frac{v(\overline{X_n})}{n^2}$$

であるから，

$$v(\overline{X}) = \frac{\sigma^2}{n^2} + \cdots + \frac{\sigma^2}{n^2} = \frac{n \times \sigma^2}{n^2} = \frac{\sigma^2}{n}$$

となる。＝標本平均値の分布の分散は $\frac{\sigma^2}{n}$ である。

母集団（全体）の分布の平均値がμ，分散がσ^2の場合，大きさｎの標本平均値は，平均値はμ，分散は $\frac{\sigma^2}{n}$ に正規分布に従う。

5．確率分布の応用

1）区間推定→統計データを集めてみたが，その平均や比率から全体の平均や比率を知りたい人へ

本文記載済み（p.71およびp.79参照）

2）標本の大きさの決定→統計データを集めるにあたっていったいいくつとればよいのか知りたい人へ

本文記載済み（p.150参照）

6．検定－比率

1）標本同士の比率の差の検定→二つの統計の比率を比べてその二つに違いがあるかないかを知りたい人へ

本文記載済み（p.129参照）

2）カイ二乗分布を使っての比率の差の検定

本文記載済み（p.136参照）

7．検定－平均値

1）母集団の平均値と標本の平均値の差の検定→自分のとった統計の平均の値が全体の平均の値と異なってしまっているかを確認したい人へ

・母集団が既知

本文記載済み（p.99参照）

・母集団が未知

本文記載済み（p.113参照）

2）標本同士の平均の差の検定→二つの統計の平均を比べてその二つに違いがあるかないかを知りたい人へ

ケース１：２つの母集団の分散が「既知」で等しい場合

$$z = \frac{\overline{\wedge}_1 - \overline{\wedge}_2}{\sqrt{\frac{\sigma^2}{n_1} + \frac{\sigma^2}{n_2}}}$$

これを$-2 \leq z \leq 2$で判定する。この範囲内だったら差はない。

ケース２：２つの母集団の分散が「未知」で等しい場合

本文記載済み（p.142参照）

ケース３：２つの母集団の分散が等しくない場合

s_1^2，s_2^2：標本の分散

$$u_1 = s_1^2 \frac{n_1}{n_1 - 1}$$

$$u_2 = s_2^2 \frac{n_2}{n_2 - 1}$$

$$t = \frac{\overline{X}_1 - \overline{X}_2}{\sqrt{u_1 + u_2}}$$

これを$-2 \leq t \leq 2$で判定する。この範囲内だったら差はない。

いずれのケースを選択するのか

厳密に計算したいならば，ケース３だが，通常はケース２を用いればよい。調査者の判断による。

８．回帰分析

１）単純回帰→二つの統計に相関関係（一方が動くと他方も動く）あるかどうか，そしてその動いた大きさの関係がどれくらいかを知りたい人へ

本文記載済み（p.169参照）

２）重回帰→三つ以上の統計に相関関係（一方が動くと他方も動く）あるかどうか，そしてその動いた大きさの関係がどれくらいかを知りたい人へ

本文記載済み（p.186参照）

３）偏相関係数

本文記載済み（p.199参照）

9．分散分析（実験計画法）－一元配置法

比較する対象が3種類以上あったとしよう。その3種類を同じ大きさの標本（同一の標本ではない）で調査する。その結果，3種類に差があるかどうかということを解明する。

例として，カラマツ，スギ，ヒノキの3種類について，抽出される樹木の成分の量（ml）を測ると，下の表だったとしよう。3種類の樹木について，各3本計測した。

＜樹木成分（ml）＞

種類	カラマツ	スギ	ヒノキ
1本目	2	3	7
2本目	5	4	5
3本目	3	6	4

計測本数（n）＝9

計測種類（k）＝3

さて，3種類の木について成分の差はあるか否か。

次のように上表に応じた記号を決める。

	カラマツ	スギ	ヒノキ		
1本目	$X_{11}=2$	$X_{12}=3$	$X_{13}=7$		
2本目	$X_{21}=5$	$X_{22}=4$	$X_{23}=5$		
3本目	$X_{31}=3$	$X_{32}=6$	$X_{33}=4$		
標本の大きさ	$n_1=3$	$n_2=3$	$n_3=3$	$n=n_1+n_2+n_3=9$	合計
和	$T_1=X_{11}+X_{21}+X_{31}$ $=10$	$T_2=X_{12}+X_{22}+X_{32}$ $=13$	$T_3=X_{13}+X_{23}+X_{33}$ $=16$	$T=X_{11}+X_{12}+X_{13}$ $+X_{21}+X_{22}+X_{23}$ $+X_{31}+X_{32}+X_{33}=39$	総和
平均	$\overline{X}_1=3.33$	$\overline{X}_2=4.33$	$\overline{X}_3=5.33$	$\overline{X}=4.33$	全体の平均

次のような分散分析表を作る。

	変動（平方和）	自由度	不偏分散	不偏分散比
木の間の違い	$S1=\frac{T_1^2}{n_1}+\frac{T_2^2}{n_2}+\frac{T_3^2}{n_3}-\frac{T^2}{n}$ $=185.33$	$k-1=3-1=2$	$A=\frac{S1}{k-1}=\frac{185.33}{2}$ $=92.66$	$\frac{A}{B}$
同じ木の間での違い	$S2=S-S1$ $=-165.41$	$n-k=9-3=6$	$B=\frac{S2}{n-k}=\frac{-165.41}{6}$ $=-27.56$	

kは種類数（カラマツ，スギ，ヒノキ）のため3

$$S=(X_{11}-\overline{X})^2+(X_{12}-\overline{X})^2+(X_{13}-\overline{X})^2+(X_{21}-\overline{X})^2+(X_{22}-\overline{X})^2+(X_{23}-\overline{X})^2+(X_{31}-\overline{X})^2+(X_{32}-\overline{X})^2+(X_{33}-\overline{X})^2$$

$$=(2-4.33)^2+(3-4.33)^2+(7-4.33)^2+(5-4.33)^2+(4-4.33)^2+(5-4.33)^2+(3-4.33)^2+(6-4.33)^2+(4-4.33)^2=19.92$$

※小数点第3位以下切り捨て。

3種類に差がないという仮説を立て次の統計量Fを計算する。

$$F=\frac{A}{B}=\frac{92.66}{-27.56}=-3.36$$

そして，F分布表から，自由度 $k-1_{(2)}$ と自由度 $n-k_{(6)}$ の F' 値を探す。

統計量Fの絶対値が F' 値より大きいとき：仮説は棄却＝3種類の平均値に差がある

統計量Fの絶対値が F' 値より小さいとき：仮説は採択＝3種類の平均値に差がない

今回，p.213のF分布表（$\alpha=0.05$）より，自由度2と6に対応する F' 値は5.14と分かる。

総計量Fの絶対値は，3.36であり，F´値の5.14より小さいことから，仮説は採択される。よって，3種類（カラマツ，スギ，ヒノキ）から抽出された樹木成分の量（ml）の平均値には差がないと言える。

付録　基本

A．標本の抽出→統計を取るのにどこからどうやってとればよいか悩んでいる人へ

1）乱数表

本文記載済み（p. 9参照）

厳格化のケース。1と2を書いた2枚のカードを準備する。2枚の乱数表を用意し，1番と2番の番号を振っておく。裏返したカードから1の番号のカードを取ったときは，1番と書いた乱数表を利用する。そして目を隠してその乱数表の中の数字を指す（指で指すと端っこが差しにくく正確ではない。針のようなものを転がすのがよかろう。)。その番号を選択する。また，カードを戻して，カードを引く。同じ繰り返しである。屋外ではこのような繰り返しは無理なので，一度数字を指したら，その横の数字を150個順に選択してもよいであろう。

2）その他

・等間隔抽出

母集団の大きさがN，標本の大きさがｎであるとき，$\frac{N}{n}$を計算する。それが14.6であれば，小数点を除いて14とする。乱数表で数字を決める。例えば，4ならば，4番目の人，それに14を足して18番目の人，それにまた14を足して32番目の人，…というように選び，合計がｎになったところで終わる。

・層別任意抽出

甲の山に木が10000本，乙の山に木が30000本生えているとする。ここから100本の標本を選ぶ場合，甲の木の数と乙の木の数の比は1：3なので，標本も甲から25本，乙から75本選ぶ。

・最適割り当て法

2段抽出

和夫，進，洋が住む一帯から木の標本を500本抽出するとする。一帯には500万本の木が生えているとする。500万本という途方もなく大きい数字から500本をどうやって選ぶのか。

第1弾として，その一帯に山の所有者が1,000人いるとしよう。そこからm人の山を選ぶ。第2弾として，そのそれぞれからn本の木を選ぶ。

mとnの決め方は次である。

分散　$\sigma^2=1/m\ ((\overline{X}_1-\overline{X})^2+\cdots+(\overline{X}_m-\overline{X})^2)$

$\overline{X}_1$，・・・$\overline{X}_m$はそれぞれの山に生えている木の本数の平均値，

$\overline{X}$は山一帯に生えている木の本数の全体の平均値である。

他方，次の数値を準備する。

分散　σ_m^2：m番目の山における分散

分散　$\sigma_w^2=\dfrac{1}{m\ (\sigma_1^2+\cdots+\sigma_m^2)}$

このとき，

$$n=\frac{\sigma_w^2}{\sigma^2}$$

m×n＝500本だからm＝500÷n。

・等確率抽出

2段階抽出において，第2弾のそれぞれの山から木を選ぶ本数を山の規模（それぞれの山全体の本数）に比例させて選ぶ。m人が二人だったとしよう。一人の山全体の木の本数が3000本，もう一人が2000本だとしよう。500本を選ぶわけだから，それぞれの山の本数に比例させて300本と200本を選ぶ。例えば，等間隔抽出法で行うとする場合，乱数表で4を決めたら横に4本ごとの木を調べていけばよい。

B．集計

1）クロス集計

基本的なクロス集計表は２×２である。集めた統計の性質を項目にしてそれに従った数字を入れる。

	甲	乙
A		
B		

以下は例として，礼文島に咲くレブンアツモリソウについて，そこを訪れた観光客と一般客のアンケート結果である。

観光客

観光客2018年５月調査 556人	男	女
レブンアツモリソウを知っている	108	254
レブンアツモリソウを知らない	66	110

一般人

一般人2018年11月調査 330人	男	女
レブンアツモリソウを知っている	37	13
レブンアツモリソウを知らない	113	137

比率の差など，これまでの勉強方法で検定できる。

2）パネル集計

同じ人に時間をおいて聞き直す調査をパネル調査という。つまり，同じ対象に同じ質問を時間をおいて繰り返して調査することである。

事象Ａ（例えば目眩（めまい））が起きるか起きないかを1000人に２回（２回目は１年後に実施した）聞いた。２回の調査をまとめたのが次の表になる。

事象A	第1回目	第2回目
起こる	90	100
起きない	910	900

表のまとめ方を変えると変化が，より詳しくわかる。第1回目の結果をカッコ書きで下に記載することで，その人たちが第2回目にはどうなったかを見ることができる。

		第1回目	
第2回目	事象A	起こった（90だった）	起きなかった（910だった）
	起こった	85	15
	起きなかった	5	895

第1回目に事象A（目眩）が起きていた90人のうち，85人が第2回目にも起こっていた。

第1回目に事象A（目眩）が起きていなかった910人に加え，新たに15人が第2回目には起こっていた。

索　引

(あ行)
一元配置法　220
インフレ率　163
F分布　212
F分布表　221
演算子　214

(か行)
回帰式　175,176,190
回帰直線　169,171,176,177,178,179,187
回帰分析　187
回帰平面　187,189
階級　38,39,44,45,46,47
階級値　38,39,44,45,46,48
カイ二乗　139
カイ二乗検定　137,139,140,141
カイ二乗分布　136,140,212,218
確率分布　51
仮説検定　99,107,113,123
間伐　27
棄却　108,109,111,122,123,124,182,183,195,221
疑似相関　201
期待値　214,215
帰無仮説　108,111,122,123,134,135,149,182,193
供給曲線　175
区間推定　71,72,75,76,79,81,82,84,85,94,96,153,156,217
クロス集計　224
クロスセクションデータ　179
決定係数　175,176,178,179,183,184,190
検定統計量　109,123
高性能林業機械　32
誤差　106,107,108,110,111,119,123,132,145,152,153,154,156,157

(さ行)
最小2乗法　169,170,171,172,175
採択　108,109,110,122,123,124,135,136,182,183,195,198,221
最適割り当て法　223
残差　180,181,184,185,188,192,197,203
散布図　167,168
時系列データ　179
実験計画法　220
実質価格　164
実質生産額　165,166,167,168,174
実質値　163
重回帰　219
重回帰分析　187,191,199,206
重決定係数　189,190,192
重相関係数　190,205
従属変数　169,205,207
自由度　87,90,91,122,124,139,140,181,182,191,212,221
自由度修正済み決定係数　189,190,191,192
消費者物価指数　162

信頼区間　85,86,96,98,140,151,152
正規分布　51,53,54,55,56,57,58,60,64,65,70,71,95,99,109,113,211,212,214,217
生産額実質　196
説明変数　169,190,191,205,207
線形関係　159,168,169
相関関係　161,175,176,201,219
相関係数　179,183,203,204
層別任意抽出　222

（た行）

対立仮説　108,123,134
単回帰分析　187,190
単純回帰　219
チェーンソー　33
中央値　37,38,39,44,45,211
中心極限定理　70,214
t 検定　192
t 値　87,88,90,91,122,149,179,180,181,182,183,184,185,192,193,200
t 分布　79,84,86,87,88,89,90,91,93,113,123,180,182,195,212
t 分布表　88,89,122
データ　11
等確率抽出　223
等間隔抽出　222
等間隔抽出法　11,223
統計量　221
特用林産物　159
独立変数　169,187,190,191,205,207
度数　38,39,46,47
度数分布表　30,35,36,37,38,40,41,42,43,44,45,47,48,53,211

（な行）

2 段抽出　223
農業物価指数　165

（は行）

ハーベスタ　32
パネル集計　224
パネル調査　224
判定基準　109,123,124,183,195
ヒストグラム　40,41,53
被説明変数　169,205,207
標準誤差　197
標準正規分布　57,60,61,63,64,65,66,67,71,76,87,88,109
標準正規分布表　57,61,62,63,64,65,66,67,88
標準偏差　16,20,21,22,23,24,42,43,45,46,48,59,60,71,110,152,153,154
標準偏差値　83
標本比率　94,96
標本分散　147,148
標本平均値　68,69,70,72,73,76,78,84,85,86,104,110,122,123,124,153,214,215,217
比率　95,129,133,134,136,156,217,218
不偏分散　29,42,123,212
分散　14,16,19,20,22,23,24,26,27,28,29,42,43,45,46,47,48,55,56,57,58,59,60,70,71,74,75,83,85,86,87,88,95,96,99,105,106,109,110,118,119,120,121,124,146,147,148,171,181,192,211,214,215,217,218,219,223
分散分析　220
分散分析表　221

平均値　14,15,17,21,22,23,24,25,26,28,41,42,43,44,45,46,48,49,54,55,56,58,59,60,70,71,72,73,75,76,79,83,84,87,88,95,96,104,105,106,108,109,110,117,118,119,120,123,124,125,142,146,148,150,151,170,171,211,214,215,217,218,221
偏差　16,17,18,42,43,45,46,47,171,174,188
偏相関係数　199,201,204,205,206,207,208,209,219
母集団　70,72,78,84,85,95,106,109,113,121,146,153,154,214,215,217,218,219
母比率　94
母分散　87,113,146,147
母平均　86

（ま行）
見せかけの相関　201
名目価格　164
名目値　163

（や行）
有意水準　109,195,200,212
有効数字　19

（ら行）
乱数表　9,10,11,222,223
ランダム　11
離散型変数　51,52,53,54
林齢　34,37,39,40,41
連続型変数　51,52,53,54

［著者紹介］
水野　勝之（みずの　かつし）
早稲田大学大学院経済学研究科博士後期課程単位取得満期退学，博士（商学），明治大学商学部教授。『ディビジア指数』創成社（1991年），『新テキスト経済数学』中央経済社（2017年，共編著），『余剰分析の経済学』中央経済社（2018年，共編著），『林業の計量経済分析』五絃舎（2019年，共編著）その他多数。

土居　拓務（どい　たくむ）
明治大学商学部卒業，一般社団法人Pine Grace理事，明治大学商学部兼任講師。『エレメンタル現代経済学』(第２章「ミクロ経済学」) 晃洋書房（2016年，共著），『余剰分析の経済学』中央経済社（2018年，共編著），『林業の計量経済分析』五絃舎（2019年，共編著）。

安藤　詩緒（あんどう　しお）
明治大学大学院商学研究科博士後期課程修了，博士（商学）。拓殖大学政経学部准教授，明治大学商学部兼任講師。『新テキスト経済数学』中央経済社（2017年，共編著），『林業の計量経済分析』五絃舎（2019年，共編著）等。

井草　剛（いぐさ　ごう）
早稲田大学大学院人間科学研究科博士課程修了，博士（人間科学）。桜美林大学リベラルアーツ学群非常勤講師を経て，現在，松山大学経済学部准教授。『新テキスト経済数学』中央経済社（2017年，共編著）等。

ドラマで学ぼう！統計学
森の中の物語
Statistics in the Forest

2020年４月25日　初版発行
2022年４月25日　二刷発行

編著者：水野勝之・土居拓務・安藤詩緒・井草剛
発行者：長谷 雅春
発行所：株式会社 五絃舎
〒173-0025　東京都板橋区熊野町46-7-402
TEL・FAX：03-3957-5587
検印省略　©　2022
組版：Office Five Strings
印刷・製本：モリモト印刷
Printed in Japan
ISBN978-4-86434-110-3